I Grandi Pensatori
28

AF859853

Niels Bohr

I quanti e la vita

Prefazione e traduzione di Paolo Gulmanelli

Bollati Boringhieri

Prima edizione ne «I Grandi Pensatori» febbraio 2012
Sesta ristampa settembre 2024

Gli scritti qui raccolti furono pubblicati nei volumi di Niels Bohr, *Atomtheorie und Naturbeschreibung* (Springer, Berlin 1931); *Atomic Physics and Human Knowledge* (Wiley, New York 1958); *Essays 1958-1962 on Atomic Physics and Human Knowledge* (ivi 1963)

© 1965 e 2012 Bollati Boringhieri editore
Torino, corso Vittorio Emanuele II, 86
Gruppo editoriale Mauri Spagnol
ISBN 978-88-339-2294-2

www.bollatiboringhieri.it

Stampato da Rotomail Italia S.p.A. di Vignate (Mi)

Indice

Prefazione di Paolo Gulmanelli

A dire l'importanza di questa raccolta di saggi, certamente basta sottolineare il fatto che Niels Bohr, oltre a essere secondo le parole di Einstein "uno dei massimi scienziati della nostra epoca", è stato uno dei principali artefici e animatori di quel processo di sviluppo della fisica quantistica la cui influenza sul pensiero scientifico in generale, su talune discipline particolari, come per esempio la biologia, e sulle realizzazioni della nuova tecnologia, è stata e non cessa tuttora di essere determinante.

Gli ultimi tre saggi: "Nascita e sviluppo della teoria del nucleo atomico", "La genesi della meccanica quantistica", "I congressi Solvay e lo sviluppo della fisica", contengono la "cronaca" di questo sviluppo drammatico – come allo stesso Bohr piace definirlo – narrata appunto da uno dei suoi massimi protagonisti, e offriranno anche a chi sappia già di fisica una lettura interessante per la ricchezza delle citazioni cronologiche, per le notazioni anedottiche e – forse soprattutto – per la notevole sintesi concettuale che spontaneamente scaturisce da quella storica.

Gli altri saggi, invece, quelli in cui Bohr si rivolge di proposito a chi è ignaro di scienza, o quelli in cui rivolgendosi a cultori di discipline diverse dalla fisica cerca di sviluppare analogie significative, di estendere l'applicazione di metodi e concetti propri della fisica ad altri campi della scienza o della speculazione, di intuire le vie che il pensiero scientifico dovrà percorrere per raggiungere livelli piú alti di unità, parleranno piuttosto – particolarmente al lettore non pro-

fano – di Bohr uomo e personaggio. E ciò perché accanto a spunti indubbiamente significativi e intuizioni da meditare, si trovano anticipazioni e illazioni che per la loro categorica enunciazione potrebbero talora indurre il lettore non avveduto a scambiare una semplice analogia per un'argomentazione conclusiva, un auspicio personale per un risultato acquisito.

Molte delle considerazioni che Bohr fa intorno agli aspetti di complementarità riscontrabili nell'àmbito dei fenomeni biologici o psichici o delle diverse culture umane sono forse da considerare, piú che il germe di un promettente metodo di indagine sistematica, la manifestazione di un indefesso sforzo di ricerca di un nuovo centro di unificazione per i rami ancora divisi della scienza della natura (ivi compreso l'uomo), sforzo protratto per tutta un'esistenza con grande passione e acume.

Se in passato non sono stati pochi i fisici anche illustri che hanno accolto con favore l'argomento complementaristico secondo cui i fenomeni vitali dovrebbero venire considerati semplicemente come dati, cioè elementari, perché incompatibili (pena la cessazione della loro stessa esistenza) con un'analisi chimico-fisica sufficientemente particolareggiata, e per via della difficoltà stessa di definire adeguatamente gli organismi che con l'ambiente hanno scambi incessanti e cospicui di materia e di energia, oggi invece i nuovi sorprendenti successi della biologia molecolare inducono a sperare che il contributo che la fisica può dare al chiarimento del problema della vita – per la quale non possediamo ancora alcuna definizione soddisfacente – possa essere ben piú decisivo e penetrante. Tutto questo nulla toglie tuttavia del valore umano di questo documento che contiene una chiara lezione di impegno appassionato e di fiduciosa aspettativa.

Perché il lettore possa meglio comprendere diversi concetti e termini, la cui conoscenza è spesso presupposta dall'autore, non sarà fuor di luogo una premessa. E perché questi concetti acquistino maggior rilievo e chiarezza, è forse opportuno che la premessa assuma una struttura cronologica.

Se si vuole assegnare una data d'inizio allo sviluppo della fisica mo-

derna, non è certo possibile sceglierne una diversa dal 1900, anno in cui Planck formulò per la prima volta il concetto del quanto elementare d'azione. Egli scoprí che la distribuzione dell'intensità (cioè dell'energia) tra le diverse frequenze che formano lo spettro continuo della radiazione elettromagnetica termica emessa da un corpo nero non poteva essere interpretata senza modificare profondamente i concetti dell'elettromagnetismo e della meccanica classici basati sull'idea del continuo indefinitamente suddividibile. Bisognava ammettere che l'energia non possa venire emessa o assorbita dalla materia sotto forma di radiazione per quantità piccole a piacere, e precisamente che il rapporto tra l'energia E di un'onda monocromatica e la frequenza ν di questa sia sempre uguale a un multiplo di una costante universale h – la costante di Planck – avente le "dimensioni" di un'azione, cioè di un'energia moltiplicata per un tempo, e numericamente uguale a $6,6 \times 10^{-27}$.

Quella che secondo Planck avrebbe dovuto essere una quantizzazione solo degli atti di emissione e di assorbimento, cioè una proprietà dei sistemi materiali, si rivelò poco dopo (1905), ad opera di Einstein, essere una proprietà anche della radiazione, che risulta cosí possedere accanto ai ben noti aspetti ondulatori anche un peculiare aspetto corpuscolare. Solo accettando l'idea proposta da Einstein del fotone elementare, avente energia $h\nu$ e quantità di moto $h\nu/c$, dove c è la velocità della luce, è stato infatti possibile interpretare le leggi empiriche che descrivono l'estrazione di elettroni dai metalli ad opera della luce (effetto fotoelettrico) e, piú tardi, la diffusione della radiazione da parte di elettroni liberi (effetto Compton). Si noti che nello stesso anno Einstein scriveva quel suo lavoro sull'elettrodinamica dei corpi in movimento che doveva segnare l'inizio di un'altra teoria fisica rivoluzionaria, quella della relatività. L'etere, lo spazio e il tempo assoluti, cioè il teatro in cui la meccanica e l'elettromagnetismo classici ambientavano la descrizione dell'evoluzione dinamica di ogni sistema fisico, cedono il passo a un continuo in quattro dimensioni che si rivela essere l'unica sede appropriata per la coerente coordinazione spazio-temporale degli eventi. La descrizione matematica dei *fatti osservati impone quindi un notevole allontanamento dal linguaggio e dalle immagini dell'esperienza quotidiana; ma tra poco si vedrà che ben altre astrazioni dovranno essere accettate per poter interpretare le proprietà dei sistemi atomici e molecolari.*

Nel 1913 Bohr propone il primo modello quantistico per l'atomo di idrogeno. (La scoperta del nucleo atomico dovuta a Rutherford risale al 1911.) La meccanica classica viene ancora utilizzata per il calcolo delle orbite elettroniche, ma tra tutte le orbite possibili si ritengono permesse solo quelle corrispondenti a certi valori dell'energia. Ammettendo che l'irraggiamento e l'assorbimento abbiano luogo solo quando l'elettrone passa da un'orbita a un'altra e che la frequenza dell'onda sia proporzionale al corrispondente salto di energia, è allora possibile ricavare la formula di Balmer per le righe dello spettro con la costante di Rydberg espressa in funzione, tra l'altro, della costante di Planck. Il modello rinuncia, come si vede, a descrivere le transizioni individuali tra gli stati, ignorandone completamente sia le cause che le modalità. Si può vedere abbastanza facilmente che in certi casi limite la frequenza della radiazione emessa dall'elettrone coincide con quella del moto rotatorio di questo, cioè proprio con la frequenza che ci si attenderebbe dal punto di vista classico. E questo è uno di quei risultati che consentirono a Bohr di elaborare quel principio di corrispondenza *mediante cui egli poté interpretare molti aspetti del comportamento ottico degli atomi utilizzando ancora in parte la struttura della teoria classica. In particolare, se ne serví per fare previsioni sulle intensità delle righe spettrali, cioè in definitiva sulle probabilità relative a quei salti tra le orbite che il suo modello non poteva in alcun modo descrivere.*

Nel 1925 un fatto nuovo interviene a modificare ancor piú profondamente la scena. De Broglie mostra che il movimento di una particella materiale libera o soggetta a un campo di forze può venire opportunamente simulato mediante quello di un'onda o di un gruppo d'onde, e che il legame tra le variabili d'onda e quelle di particella dipende dalla costante h. Einstein, studiando le fluttuazioni di densità di un gas di atomi, trova che il comportamento statistico di questo gas si discosta da quello classico e segue una legge che è quella cui obbediscono i fotoni della radiazione elettromagnetica. Vengono cioè chiaramente delineandosi quegli aspetti ondulatori della materia, la cui conferma sperimentale giungerà nel 1927 con le esperienze di diffrazione di fasci di elettroni su cristalli eseguite da Davisson e Germer. Ma ancor prima che si fosse ottenuta questa conferma, Schrödinger scriveva la sua famosa equazione differenziale, governante la propagazione della funzione d'onda associata a ogni particella. Dalla teoria di Schrödinger l'esistenza dei livelli discreti di energia per l'elettrone legato al nucleo dell'atomo di idrogeno discende come una conseguenza matematica molto naturale. A ogni livello corrisponde una soluzione dell'equazione che rappresenta una particolare configurazione dell'atomo, in qualche modo corrispondente a una delle orbite quantistiche. La funzione di stato è però una funzione d'onda di tipo molto diverso da quelle che descrivono il campo elettromagnetico o il campo gravitazionale. Anzitutto si tratta di una funzione a valori complessi, e per gli atomi con n elettroni essa dipende dalle 3n coordinate di questi; è perciò un'onda che non si propaga nello spazio a tre dimensioni delle osservazioni fisiche, ma in uno spazio che si chiama delle configurazioni e di cui possiamo dare una rappresentazione soltanto matematica e non intuitiva.

L'unica interpretazione coerente del nuovo formalismo risultò essere quella statistica, proposta da Born, secondo la quale il valore che la funzione assume in un punto è legato in modo molto semplice alla probabilità di trovare in quel punto la particella rappresentata dalla funzione d'onda. Nota la distribuzione di queste probabilità in tutti i punti a un istante assegnato, la distribuzione delle stesse probabilità a qualunque altro istante successivo risulta determinata in modo unico dall'equazione d'onda. Ma anche nel caso che a un certo istante fosse noto con certezza (probabilità uguale a 1) che la particella si trova in un punto ben determinato, non saremmo in grado di seguire la particella lungo una traiettoria di tipo classico. La teoria ci consente di fare solo delle previsioni di tipo statistico, cioè di descrivere il comportamento medio di un grande numero di sistemi fisici perfetta-

mente uguali tra di loro o, equivalentemente, di calcolare la distribuzione dei risultati di molte misure eseguite ripetutamente con le stesse modalità su di un singolo sistema.

Come si vede, il determinismo classico che consentiva di descrivere il comportamento di ogni sistema individuale, note le condizioni iniziali di questo, si è ridotto tutt'al piú al determinismo dell'evoluzione delle probabilità. Ma l'acuta analisi dei procedimenti di misurazione eseguita da Heisenberg mise in chiaro che il mutamento del punto di vista è ben piú profondo di quanto non potesse a prima vista sembrare. La necessità della descrizione statistica non corrisponde infatti a una semplice ignoranza di fatto delle condizioni iniziali, cui si possa pensare di porre rimedio almeno per i sistemi fisici piú semplici, bensí a ineliminabili ragioni di principio. Come conseguenza diretta del dualismo corpuscolare-ondulatorio insito nel comportamento delle particelle e a causa dell'interazione tra oggetti e strumenti di misura, dall'analisi di Heisenberg segue che vi sono coppie di grandezze osservabili, come per esempio la posizione di una particella lungo un asse delle coordinate e la componente lungo questo della quantità di moto della stessa particella, che non è possibile in alcun modo misurare, cioè conoscere, contemporaneamente con precisione assoluta. È, questo, il contenuto sostanziale del principio d'indeterminazione, *e le semplici relazioni che legano l'una all'altra le precisioni con cui possono essere misurate simultaneamente le grandezze di una di queste coppie e che, com'era da attendersi, dipendono dalla costante h, asseriscono che queste precisioni son l'una inversamente proporzionale all'altra. Tenendo presente che la lunghezza dell'onda associata a una particella è direttamente legata alla quantità di moto di questa, da quanto precede risulta allora che quanto meglio una particella viene localizzata nello spazio come punto materiale, con tanto minor precisione si può conoscere allo stesso tempo il suo stato ondulatorio. Una misura progettata in modo da determinare gli aspetti corpuscolari esclude quindi in certo modo ogni altra misura atta a rivelare gli aspetti ondulatori del sistema. Questa esclusione è però da intendere nel senso che entrambi i tipi di misura sono ugualmente essenziali per la conoscenza completa del sistema studiato, e che essi s'integrano a vicenda per formare un quadro composito e non contraddittorio di tipo assolutamente nuovo rispetto a quello abituale e piú intuitivo della descrizione classica. Si tratta appunto di quel nuovo rapporto cui è stato dato da Bohr il nome di* complementarità.

I notevoli successi della nuova meccanica e cosí quelli non meno importanti della teoria della relatività giustificano e al tempo stesso hanno ripagato l'enorme sforzo concettuale che è stato richiesto da cosí profondi mutamenti del pensiero scientifico. Ma negli ultimi decenni altri problemi si sono presentati e nuovi interrogativi disarmanti vanno accumulandosi, che forse richiederanno astrazioni matematiche ancor piú sottili e potenti nello stesso tempo. Scoprirle o, se si preferisce, costruirle ancora una volta, non sarà facile, ma sarà meno difficile tenendo presente l'esperienza recente e quanto non può essere meglio detto che con le parole di Einstein: "I concetti che si siano dimostrati utili nell'ordinare le cose acquistano facilmente una tale autorità su di noi che ne dimentichiamo l'origine umana e li accettiamo come invariabili. Allora essi diventano 'necessità del pensiero', 'dati a priori'. *La via del progresso scientifico resta allora sbarrata da tali errori per lungo tempo. Non è quindi un giuoco inutile abituarsi ad analizzare le nozioni correnti e a mettere in evidenza le condizioni da cui dipende la loro giustificazione e utilità, e il modo in cui si sono affermate soprattutto in base ai dati dell'esperienza. Cosí la loro esagerata autorità s'infrange. Ed esse vengono rimosse, se non possono dimostrare adeguatamente la loro legittimità; corrette, se la loro corrispondenza con le cose era stata stabilita con troppa imprecisione; sostituite con altre, se possiamo sviluppare un nuovo sistema che per buone ragioni sia preferibile."*

PAOLO GULMANELLI
Professore di istituzioni di fisica teorica all'Università di Pavia

I quanti e la vita

1.

Il quanto d'azione e la descrizione della natura

1929

Nella storia della scienza pochi eventi hanno avuto, nel breve giro di una generazione, conseguenze cosí straordinarie quanto quelle della scoperta di Planck del quanto elementare d'azione. Tale scoperta non costituisce soltanto, e in misura sempre maggiore, la base per l'ordinamento delle nostre esperienze sui fenomeni atomici, la cui conoscenza si è prodigiosamente allargata negli ultimi trent'anni, ma ha prodotto altresí una radicale trasformazione dei fondamenti stessi della descrizione dei fenomeni naturali. Assistiamo qui a uno sviluppo ininterrotto di punti di vista e di strumenti concettuali che, iniziato coi fondamentali lavori di Planck sulla radiazione del corpo nero, ha raggiunto negli ultimi anni il suo culmine con la formulazione della meccanica quantistica simbolica. Quest'ultima può venir considerata come una generalizzazione naturale della meccanica classica con la quale non teme il confronto sia per bellezza che per interna coerenza.

A un tale risultato non si è giunti però senza una rinuncia al modo di descrizione spazio-temporale e causale che caratterizza le teorie fisiche classiche, le quali hanno raggiunto attraverso la teoria della relatività una profonda chiarificazione. In questo senso si può dire che la teoria dei quanti ha rappresentato una delusione, giacché la teoria atomica era sorta proprio con lo scopo di elaborare una descrizione di questo tipo anche per quei fenomeni che alle impressioni immediate dei nostri sensi non appaiono come movimenti di corpi materiali. Fin dall'inizio, però, non si era impreparati all'eventualità di dover registrare un fallimento in questo campo delle nostre forme d'intuizione adattate alle percezioni sensoriali ordinarie. Oggi noi sappiamo che lo scetticismo così sovente espresso nei riguardi della realtà degli atomi era esagerato. Il meraviglioso sviluppo della tecnica sperimentale ci permette infatti di costatare gli effetti dei singoli atomi. Tuttavia è stata proprio la scoperta, simbolizzata dal quanto d'azione, della limitata divisibilità dei processi fisici, a giustificare l'antico dubbio sull'adeguatezza delle nostre ordinarie forme d'intuizione alla descrizione dei fenomeni atomici. Poiché nell'osservazione di questi fenomeni non è possibile trascurare l'interazione tra oggetto e strumento di misura, il problema relativo alle possibilità di osservazione ritorna in primo piano. Ritroviamo qui, in una nuova luce, il problema dell'oggettività dei fenomeni, che ha sempre attirato su di sé tanta attenzione nelle discussioni filosofiche.

Stando così le cose, non potrà meravigliare il fatto che, in tutte le applicazioni razionali della teoria dei quanti, si abbia sempre avuto a che fare con problemi essenzialmente statistici. Nelle ricerche originali di Planck, fu appunto la necessità di modificare la meccanica statistica classica che portò all'introduzione del quanto d'azione. Questo carattere peculiare della meccanica quantistica si esprime in modo molto significativo nella rinata discussione sulla natura della luce e degli elementi costitutivi della materia. Benché tali problemi avessero ricevuto, nel quadro delle teorie classiche, una soluzione apparentemente definitiva, noi oggi sappiamo che, sia per quanto riguarda la luce che per quanto riguarda le particelle elementari, occorrono diverse immagini concettuali per dare un'esauriente interpretazione dei fenomeni e una formulazione univoca alle leggi statistiche che governano i dati dell'osservazione. Quanto più chiaramente emerge l'impossibilità di una formulazione unitaria della teoria dei quanti in termini classici, tanto più siamo portati ad ammirare la felice intuizione di Planck nella scelta del termine "quanto d'azione", il quale direttamente allude a una rinuncia al principio d'azione, la cui posizione centrale nella descrizione classica della natura ha sottolineato egli stesso in piú occasioni. Questo principio simbolizza, per cosí dire, la peculiare relazione di simmetria reciproca esistente tra la descrizione spazio-temporale e le leggi di conservazione dell'energia e della quantità di moto, la cui grande utilità dipende, già nella fisica classica, dal fatto che la si può estensivamente applicare senza dover seguire il decorso dei fenomeni nello spazio e nel tempo. È stata proprio questa reciprocità che ha potuto trovare pregnante espressione nel formalismo della meccanica quantistica. Per esempio, il quanto d'azione vi compare solo in relazioni nelle quali le coordinate spazio-temporali e le componenti dell'energia e della quantità di moto, che sono grandezze canonicamente coniugate nel senso di Hamilton, intervengono in modo reciprocamente simmetrico. Anche l'analogia tra ottica e meccanica, rivelatasi cosí feconda per i piú recenti sviluppi della teoria dei quanti, dipende assai strettamente da questa reciprocità.

È insito però nella natura stessa dell'osservazione fisica che tutte le esperienze debbano, in ultima analisi, venir espresse in termini di concetti classici e trascurando il quanto d'azione. È quindi una conseguenza inevitabile della limitata applicabilità dei concetti classici il fatto che i risultati conseguibili nelle misurazioni di grandezze atomiche siano soggetti a una limitazione intrinseca. Di recente si è potuta ottenere una profonda chiarificazione di tale questione mediante la legge generale della meccanica quantistica formulata da Heisenberg, secondo la quale il prodotto delle incertezze con cui possono venire simultaneamente misurate due grandezze meccaniche canonicamente coniugate non può mai essere minore del quanto d'azione. Heisenberg ha giustamente paragonato l'importanza che questa legge d'indeterminazione reciproca ha per la valutazione della coerenza interna della meccanica quantistica con quella che l'impossibilità di trasmettere segnali con velocità superiori a quella della luce ha per la teoria della relatività. Considerando i ben noti paradossi incontrati nell'applicazione della teoria dei quanti alla struttura dell'atomo, è essenziale ricordare a questo riguardo che le proprietà degli atomi si ricavano solo dall'osservazione delle loro reazioni agli urti o alle radiazioni, e che la limitazione delle possibilità di misurazione di cui si diceva in precedenza è direttamente connessa con le apparenti contraddizioni che sorgono nella discussione sulla natura della luce e delle particelle materiali. Per sottolineare il fatto che non si tratta di contraddizioni reali, l'autore ha proposto, in un suo saggio, il termine di "complementarità". Tenuto conto però della predetta simmetria reciproca che compare già nella meccanica classica, il termine di "reciprocità" è forse piú adatto a rappresentare la situazione. Al termine del saggio citato si faceva osservare lo stretto rapporto esistente tra il fallimento delle nostre forme d'intuizione, che ha le sue radici nell'impossibilità di separare nettamente il fenomeno dallo strumento di osservazione, e i limiti generali della capacità dell'uomo di creare concetti, che sono connessi con la nostra distinzione tra soggetto e oggetto. Per la verità, le questioni epistemologiche e psicologiche che fanno qui la loro comparsa restano probabilmente fuori del campo della fisica vera e propria. Tuttavia, in questa particolare occasione, vorrei permettermi di entrare un po' piú a fondo in quest'ordine di considerazioni.

Il problema epistemologico in discussione può essere caratterizzato brevemente nel modo seguente. La descrizione della nostra attività mentale richiede da una parte un contenuto oggettivamente dato, contrapposto a un soggetto percipiente, mentre, dall'altro canto, com'è già implicito in tale asserzione, una netta separazione tra oggetto e soggetto non può essere sostenuta in quanto anche quest'ultimo appartiene al nostro contenuto mentale. Da ciò segue non solo il significato relativo di ogni concetto, – meglio, di ogni parola, – che viene a dipendere dall'arbitrarietà del punto di vista, ma altresí che noi dobbiamo, in generale, essere preparati ad accettare il fatto che una spiegazione completa di una stessa questione possa richiedere diversi punti di vista che non ammettono una descrizione unitaria. Infatti, strettamente parlando, l'analisi consapevole di un qualunque concetto si trova in relazione di esclusione con la sua applicazione immediata. La necessità di far ricorso a un modo complementare, o reciproco, di descrizione ci è forse piú familiare nell'ambito dei problemi psicologici. Al contrario, ciò che caratterizza le cosiddette scienze esatte è, in generale, il tentativo di conseguire l'univocità evitando ogni riferimento al soggetto percipiente. Si può forse riscontrare tale sforzo nella sua forma piú consapevole nel simbolismo matematico, che ci pone davanti agli occhi un ideale di oggettività al cui raggiungimento non si frappone quasi alcun limite, finché si rimane all'interno di un campo in sé conchiuso di logica applicata. Nelle scienze naturali vere e proprie, non è però possibile parlare di campi di applicazione dei princípi logici in sé rigorosamente conchiusi, in quanto si deve essere sempre preparati alla comparsa di nuovi fatti, la cui sistemazione nel quadro delle esperienze precedenti può richiedere una revisione dei nostri concetti fondamentali.

Abbiamo recentemente assistito a una siffatta revisione col sorgere della teoria della relatività destinata a mettere in luce, attraverso un'approfondita analisi del problema dell'osservazione, il carattere soggettivo di tutti i concetti della fisica moderna. Nonostante il grande sforzo che tale teoria richiede alle nostre capacità di astrazione, essa si accosta in notevolissima misura all'ideale classico di unità e connessione causale della descrizione della natura. Soprattutto ci si attiene ancora rigorosamente alla concezione della realtà oggettiva dei fenomeni osservati. Come Einstein ha sottolineato, l'ipotesi che ogni osservazione dipenda, in ultima analisi, dalla coincidenza nello spazio e nel tempo dell'oggetto e del dispositivo di misurazione, e che ogni osservazione sia perciò definibile indipendentemente dal sistema di riferimento dell'osservatore, è infatti fondamentale per l'intera teoria della relatività. Dopo la scoperta del quanto d'azione, sappiamo però che non è possibile raggiungere nella descrizione dei fenomeni atomici tale ideale classico. In particolare ogni tentativo d'introdurre un ordinamento spazio-temporale porta a una rottura nella catena causale in quanto a esso è collegato un essenziale scambio di quantità di moto e di energia tra gli enti fisici e i regoli e gli orologi usati per l'osservazione; ed è proprio di questo scambio che non può essere tenuto conto se gli strumenti di misura devono servire al loro scopo. Viceversa, ogni conclusione sul comportamento dinamico dei singoli enti, dedotta in modo non ambiguo dalla rigorosa conservazione dell'energia e della quantità di moto, richiede una completa rinuncia a seguirne il corso nello spazio e nel tempo. In generale possiamo dire che la descrizione spazio-temporale e causale si presta all'ordinamento delle nostre esperienze usuali solo in ragione della piccolezza del quanto d'azione rispetto alle azioni da noi incontrate nei fenomeni ordinari. La scoperta di Planck ci ha posti in una situazione analoga a quella in cui ci siamo venuti a trovare dopo la scoperta del fatto che la luce si propaga con velocità finita. L'adeguatezza della netta distinzione tra spazio e tempo suggerita dai nostri sensi dipende infatti interamente dalla piccolezza delle velocità con cui abbiamo a che fare nella vita di tutti i giorni in confronto alla velocità della luce. Nella questione della connessione causale dei fenomeni atomici, il carattere reciproco dei risultati delle misurazioni non è piú trascurabile in effetti di quanto lo sia la loro relatività nella questione della simultaneità.

Considerando la rinuncia impostaci dalla situazione or ora discussa a soddisfare le esigenze di quell'intuitività che dà a tutto il nostro linguaggio il suo carattere particolare, è assai istruttivo il fatto che già in esperienze psicologiche piuttosto semplici ritroviamo aspetti fondamentali non solo della concezione relativistica, ma anche di quella della reciprocità. Alla relatività della nostra percezione del moto con cui ci familiarizziamo fin da bambini viaggiando su una nave o in treno, corrispondono esperienze quotidiane sul carattere di reciprocità delle sensazioni tattili. Basterà ricordare qui la sensazione, spesso citata dagli psicologi, che ognuno ha sperimentato tentando di orientarsi in una camera oscura per mezzo di un bastone. Se il bastone non è tenuto rigidamente, esso appare al senso del tatto come un oggetto; se esso è tenuto invece fermamente, si perde la sensazione che si tratti di un corpo estraneo e il tatto si localizza immediatamente nel punto in cui il bastone tocca il corpo ispezionato. Non è forse esagerato sostenere, puramente sulla base di esperienze psicologiche, che i concetti di spazio e di tempo acquistano per la loro stessa natura un significato solo per il fatto che è possibile trascurâre l'interazione con gli strumenti di misurazione. In generale, l'analisi delle nostre impressioni sensoriali rivela una notevole indipendenza dei fondamenti psicologici dei nostri concetti di spazio e di tempo da un lato, e di quelli di energia e quantità di moto, fondati sull'azione di forze, dall'altro. Questo campo è però caratterizzato soprattutto, come si è detto, da relazioni di reciprocità che dipendono dal carattere unitario della coscienza e rivelano una singolare analogia con le conseguenze fisiche del quanto d'azione. Pensiamo in questo momento a ben note proprietà caratteristiche dell'emotività e della volontà, che sfuggono completamente a una rappresentazione intuitiva. In particolare, l'apparente contrasto tra il continuo fluire del pensiero associativo e il permanere dell'unità della personalità presenta una suggestiva analogia con la relazione tra la descrizione ondulatoria del comportamento delle particelle materiali, dominata dal principio di sovrapposizione, e l'indistruttibile individuabilità delle particelle stesse. L'inevitabile influenza esercitata dall'osservazione sui fenomeni atomici trova qui il suo corrispondente nel ben noto cambiamento di colorazione dell'esperienza psichica, che accompagna l'atto di dirigere l'attenzione sull'uno o sull'altro dei suoi diversi elementi.

Mi sia qui ancora permesso di accennare al rapporto esistente tra le leggi del mondo psichico e il problema della causalità nei fenomeni fisici. Considerando il contrasto tra la sensazione di libera volontà, che domina la vita psichica, e l'apparentemente ininterrotta concatenazione causale dei processi fisiologici concomitanti, non è certo sfuggito ai filosofi il fatto che potremmo essere di fronte a un rapporto non intuitivo di complementarità. Per esempio è stata di frequente espressa l'opinione che un'indagine particolareggiata dei processi cerebrali, che sebbene ineseguibile è nondimeno pensabile, potrebbe rivelare una catena causale costituente una rappresentazione unitaria dell'esperienza psichica emozionale. Tale esperimento ideale appare ora però in una nuova luce, giacché con la scoperta del quanto d'azione abbiamo appreso che un esame causale particolareggiato dei fenomeni atomici è impossibile e che ogni tentativo di acquisire tale conoscenza implica un'interferenza, per principio incontrollabile, col loro andamento. Secondo l'opinione prima ricordata circa le relazioni tra i processi cerebrali e le esperienze psichiche, dobbiamo quindi essere preparati ad accettare il fatto che un tentativo di osservare i primi comporti un'alterazione essenziale nella consapevolezza della volizione. Sebbene in questo caso non si tratti forse che di analogie piú o meno felici, è tuttavia difficile liberarsi della convinzione che nei fatti rivelatici dalla teoria dei quanti, e che giacciono fuori del dominio delle nostre ordinarie forme d'intuizione, è stato trovato un nuovo mezzo per la soluzione dei problemi filosofici generali.

Spero che si scuserà il fatto che un fisico abbia osato avventurarsi su un terreno a lui estraneo. La mia intenzione era soprattutto quella di esprimere l'entusiasmo per le prospettive apertesi a tutta la nostra scienza con la scoperta di Planck. Era mio desiderio anche di sottolineare in maniera decisa quanto profondamente le nuove conoscenze abbiano scosso le basi della formazione dei concetti sui quali riposa non solo la rappresentazione classica della fisica, ma anche il nostro abituale modo di pensare. È soprattutto a questa emancipazione che noi dobbiamo il meraviglioso progresso della nostra conoscenza dei fenomeni naturali verificatosi nel corso dell'ultima generazione, un progresso che oltrepassa di gran lunga tutte le speranze che si potevano concepire fino a pochi anni fa. Forse la piú importante caratteristica dell'odierna situazione della fisica è che quasi tutte le idee rivelatesi feconde nell'indagine della natura hanno trovato il loro giusto posto in una comune armonia senza peraltro perdere nulla della loro fecondità.

2.

La teoria atomica e i princìpi fondamentali della descrizione della natura

1929

I fenomeni naturali, quali si offrono ai nostri sensi, presentano spesso un'estrema variabilità e instabilità. Per spiegare questo fatto si è avanzata, fin dall'antichità, l'ipotesi che i fenomeni nascano dall'azione combinata di un gran numero di piccole particelle, i cosiddetti atomi, che sono per parte loro stabili e immutabili, ma sfuggono, a causa della loro piccolezza, all'osservazione immediata. Lasciando da parte la questione fondamentale se sia giustificata o no la nostra esigenza d'introdurre immagini intuitive in campi che stanno al di fuori del dominio dei nostri sensi, la teoria atomica fu necessariamente in origine una concezione puramente ipotetica e, dato che si riteneva che uno sguardo diretto nel mondo degli atomi sarebbe sempre stato impossibile per la natura stessa delle cose, si pensava che la teoria atomica avrebbe conservato per sempre questo carattere. Quanto però è accaduto in molti altri campi, accadde anche qui. Grazie allo sviluppo delle tecniche di osservazione, il limite delle osservazioni possibili si è andato continuamente spostando. Basta pensare alla conoscenza della struttura dell'universo che abbiamo potuto raggiungere con l'aiuto del telescopio e dello spettroscopio o alla conoscenza delle strutture piú piccole degli organismi, che dobbiamo al microscopio. Analogamente, lo straordinario sviluppo dei metodi della fisica sperimentale ci ha permesso di conoscere un gran numero di fenomeni che ci forniscono informazioni dirette sul moto e sul numero stesso degli atomi. Noi conosciamo anche fenomeni che possiamo con certezza attribuire all'azione di un singolo atomo o addirittura di una parte di un atomo. Al tempo stesso però, mentre ogni dubbio riguardo alla realtà degli atomi è stato rimosso ed è stata raggiunta una conoscenza particolareggiata anche della loro struttura interna, è apparsa evidente, in modo assai istruttivo, la limitazione naturale delle nostre forme d'intuizione. Io cercherò qui di delineare proprio questa particolare situazione.

Non posso ora descrivere minutamente lo straordinario ampliamento della nostra esperienza, caratterizzato dalle scoperte dei raggi catodici, dei raggi X e delle sostanze radioattive. Mi limiterò a ricordare gli aspetti principali dell'immagine dell'atomo che ci siamo fatta attraverso queste scoperte. Particelle cariche negativamente, i cosiddetti elettroni, che sono trattenuti nell'atomo dall'attrazione di un nucleo carico positivamente e assai piú pesante, entrano, come elemento costitutivo comune, in tutti gli atomi. La massa del nucleo determina il peso atomico dell'elemento, ma ha per il resto solo scarsa influenza sulle proprietà della sostanza, dipendenti soprattutto dalla carica elettrica del nucleo la quale, a parte il segno, è sempre un multiplo intero della carica di un elettrone. Ora, questo numero intero che determina il numero degli elettroni presenti nell'atomo elettricamente neutro è risultato essere proprio il numero atomico che assegna il posto all'elemento nel cosiddetto sistema naturale, in cui le particolari relazioni fra gli elementi, per quanto riguarda le loro proprietà fisiche e chimiche, trovano cosí adeguata espressione. Questa interpretazione del numero atomico si può dire costituisca un importante passo verso la soluzione di un problema che ha rappresentato per molto tempo uno dei piú arditi sogni della scienza naturale, e cioè la comprensione delle regolarità della natura sulla base della considerazione di puri numeri.

Lo sviluppo cui prima accennavamo ha invero provocato un certo mutamento nei concetti fondamentali della teoria atomica. In luogo di supporre che gli atomi siano invariabili, si suppone ora che siano le parti costituenti degli atomi a non cambiare. In particolare, la grande stabilità degli elementi dipende dal fatto che il nucleo atomico non è influenzato dagli ordinari interventi fisici e chimici, i quali producono variazioni solo nel legame degli elettroni entro l'atomo. Mentre tutte le esperienze concorrono a rafforzare l'ipotesi del permanere degli elettroni, noi sappiamo che la stabilità dei nuclei atomici ha un carattere piú limitato. Le radiazioni caratteristiche degli elementi radioattivi forniscono infatti testimonianza diretta della disintegrazione dei nuclei atomici, che avviene con espulsione di elettroni o di particelle nucleari cariche positivamente dotate della piú grande energia. Queste disintegrazioni, per quanto è possibile giudicare sulla base dei dati sperimentali, si verificano senza l'intervento di alcuna causa esterna. Se noi abbiamo un dato numero di atomi di radio, possiamo soltanto dire che esiste una certa ben definita probabilità che una certa frazione di essi si disintegri nel prossimo secondo. Ritorneremo piú avanti su questo caratteristico fallimento del modo di descrizione causale, che è strettamente collegato con alcuni aspetti fondamentali della nostra descrizione dei fenomeni atomici. Richiamerò qui alla memoria solo l'importante scoperta di Rutherford che la disintegrazione dei nuclei atomici può, sotto certe condizioni, venir provocata per intervento dall'esterno. Come tutti sappiamo, egli è riuscito a mostrare che i nuclei di certi elementi stabili possono venire spezzati bombardandoli con particelle espulse da nuclei radioattivi. Si può ben dire che questo primo esempio di trasformazione di un elemento prodotta dall'uomo segna l'inizio di una nuova epoca della storia della scienza naturale e apre un campo della fisica interamente nuovo: l'esplorazione, cioè, dell'interno dei nuclei atomici. Non mi soffermerò a parlare piú a lungo delle prospettive aperte da questo nuovo campo, ma mi limiterò a discutere le conoscenze acquisite attraverso lo sforzo di spiegare le ordinarie proprietà fisiche e chimiche degli elementi sulla base della predetta concezione della struttura atomica.

Potrebbe sembrare a prima vista che la soluzione del problema considerato sia assai semplice. L'immagine dell'atomo di cui ci stiamo ora occupando è quella di un piccolo sistema meccanico che rassomiglia per certi aspetti al sistema solare, nella descrizione del quale la meccanica ha veramente trionfato e ci ha dato un esempio fondamentale del modo in cui nella fisica ordinaria è soddisfatta l'esigenza della causalità. Infatti, in base alla conoscenza delle posizioni e dei moti istantanei dei pianeti, è possibile calcolare con un'esattezza apparentemente illimitata le loro posizioni e i loro movimenti in un qualunque istante successivo. Il fatto però che in una tale descrizione meccanica si debba poter scegliere uno stato iniziale arbitrario presenta grandi difficoltà quando si passa a considerare il problema della struttura atomica. Se infatti abbiamo a che fare con un numero infinito di stati di moto degli atomi variabili con continuità, appare evidente la contraddizione con la conoscenza sperimentale del fatto che gli elementi possiedono proprietà ben definite. Si potrebbe forse credere che le proprietà degli elementi non ci informino direttamente sul comportamento dei singoli atomi, ma che si abbia piuttosto sempre a che fare solo con regolarità statistiche valide per le condizioni medie di un grande numero di atomi. Nella teoria meccanica del calore, che non solo ci permette di spiegare le leggi fondamentali della termodinamica ma anche di comprendere molte proprietà generali della materia, abbiamo un ben noto esempio della fecondità delle considerazioni meccanico-statitiche della teoria atomica. Gli elementi hanno però altre proprietà che permettono di trarre conclusioni piú dirette intorno allo stato di moto dei costituenti dell'atomo. Innanzitutto dobbiamo supporre che la natura della luce, che in determinate circostanze gli elementi emettono e che è caratteristica di ogni elemento, sia essenzialmente determinata da quanto accade in un singolo atomo. Come le onde radio ci parlano della natura delle oscillazioni elettriche che avvengono nei dispositivi della stazione trasmittente, cosí ci aspetteremmo, sulla base della teoria elettromagnetica della luce, che le frequenze delle singole righe negli spettri caratteristici degli elementi ci forniscano informazioni sui movimenti degli elettroni nell'atomo. La meccanica non ci offre però una base sufficiente per interpretare questa informazione; infatti, a causa della possibilità di variare con continuità gli stati meccanici di moto di cui si è detto sopra, non è nemmeno possibile capire l'esistenza di righe spettrali ben nette.

L'elemento mancante alla nostra descrizione della natura, evidentemente necessario per l'interpretazione del comportamento degli atomi, è stato fornito dalla scoperta di Planck del cosiddetto quanto d'azione. Tale scoperta ha avuto origine dallo studio della radiazione del corpo nero che, per la sua indipendenza dalle proprietà particolari delle sostanze, offriva un mezzo decisivo per stabilire l'ampiezza del campo di validità della teoria meccanica del calore e della teoria elettromagnetica della radiazione. Proprio l'incapacità di queste teorie a rendere conto della legge della radiazione del corpo nero portò Planck a scoprire un aspetto generale delle leggi naturali che era passato inosservato fino ad allora. Quest'aspetto, per la verità, non è affatto evidente nella descrizione dei fenomeni fisici ordinari, ma esso ha addirittura causato una rivoluzione totale nella nostra descrizione di quegli effetti che dipendono dai singoli atomi. In contrasto col requisito di continuità che caratterizza l'usuale descrizione della natura, l'indivisibilità del quanto d'azione introduce un elemento essenziale di discontinuità nella descrizione dei fenomeni atomici. La difficoltà d'inserire la nuova conoscenza nello schema ordinario delle nostre idee fisiche si manifestò particolarmente nella discussione sulla natura della luce, rinnovata da Einstein in connessione con la sua spiegazione dell'effetto fotoelettrico, benché la questione, a giudicare da tutti i precedenti risultati sperimentali, avesse trovato una soluzione del tutto soddisfacente nel quadro della teoria elettromagnetica. La situazione in cui ci veniamo qui a trovare è caratterizzata dal fatto che si è apparentemente costretti a scegliere tra due concezioni della propagazione della luce reciprocamente contraddittorie: l'idea delle onde luminose e la concezione corpuscolare della teoria dei quanti di luce, ciascuna delle quali esprime aspetti fondamentali dell'esperienza. Come vedremo in seguito, quest'apparente dilemma caratterizza una limitazione peculiare delle nostre forme d'intuizione, connessa col quanto d'azione. Questa limitazione risulta dall'analisi approfondita dell'applicabilità dei concetti fisici fondamentali alla descrizione dei fenomeni atomici.

Infatti, solo attraverso una consapevole rinuncia alle nostre usuali esigenze d'intuitività e di connessione causale, è stato possibile utilizzare la scoperta di Planck per la spiegazione delle proprietà degli elementi sulla base delle nostre conoscenze intorno alle particelle costituenti gli atomi. Partendo dall'ipotesi dell'indivisibilità del quanto d'azione, l'autore suggerí che ogni variazione dello stato di un atomo dovesse venir considerata come un processo individuale non suscettibile di una descrizione piú particolareggiata, in cui l'atomo trapassa da uno stato, cosiddetto stazionario, a un altro. Secondo questa concezione, gli spettri degli elementi non forniscono informazioni dirette sui moti delle particelle atomiche, e ogni riga spettrale viene associata a un processo di transizione tra due stati stazionari, dove il prodotto della frequenza per il quanto d'azione dà la variazione di energia dell'atomo nel processo. Risultò cosí possibile ottenere per questa via una semplice interpretazione delle leggi spettroscopiche generali che Balmer, Rydberg e Ritz avevano ricavato dai dati sperimentali. Questa concezione dell'origine degli spettri fu direttamente confermata anche dai noti esperimenti di Franck e Hertz sugli urti fra atomi ed elettroni liberi. Si trovò che il valore dell'energia che può venire scambiata in tali urti coincide esattamente con le differenze di energia, calcolate a partire dagli spettri, tra lo stato stazionario in cui si trova l'atomo prima dell'urto e uno degli stati stazionari in cui esso può trovarsi dopo l'urto. In generale, questo punto di vista offre la possibilità di ordinare in modo coerente i dati sperimentali, ma questa coerenza si raggiunge solo rinunciando a ogni tentativo di ottenere una descrizione particolareggiata dei singoli processi di transizione. Siamo qui cosí lontani ormai da una descrizione causale, che a un atomo in uno stato stazionario dobbiamo attribuire in generale la possibilità di una libera scelta tra diverse possibili transizioni ad altri stati stazionari. Per la natura stessa delle cose noi possiamo soltanto impiegare considerazioni probabilistiche per predire il verificarsi dei singoli processi; la qual cosa presenta, come ebbe a sottolineare Einstein, una profonda analogia con le condizioni valide per le trasformazioni radioattive spontanee.

Un carattere peculiare di questa impostazione del problema della struttura atomica è costituito dall'ampio uso fatto dei numeri interi, che hanno una parte essenziale anche nelle leggi empiriche degli spettri. Cosí la classificazione degli stati stazionari, oltre a dipendere dal numero atomico, dipende anche dai cosiddetti numeri quantici, alla cui sistematica tanto ha contribuito Sommerfeld. In generale, i punti di vista considerati hanno permesso d'interpretare entro ampi limiti le proprietà e le relazioni degli elementi sulla base della nostra concezione generale della struttura atomica. Considerando il profondo distacco dalle nostre abituali rappresentazioni fisiche, qualcuno potrebbe meravigliarsi del fatto che una tale interpretazione sia stata possibile, in quanto l'intera conoscenza che noi abbiamo degli elementi costitutivi degli atomi riposa in ultima analisi su queste rappresentazioni. Infatti ogni uso di concetti come quello di massa o di carica elettrica equivale ovviamente a un richiamo alle leggi della meccanica o dell'elettrodinamica. Un metodo per rendere utilizzabili questi concetti in campi diversi da quelli in cui hanno validità le teorie classiche è però stato trovato, imponendo una condizione di concordanza della descrizione quantistica con quella classica in quei casi limite nei quali si possa trascurare il quanto d'azione. Lo sforzo di utilizzare nella teoria dei quanti ogni concetto classico, reinterpretandolo in modo da soddisfare questa condizione e senza entrare in contraddizione col postulato d'indivisibilità del quanto d'azione, ha trovato la sua espressione nel cosiddetto principio di corrispondenza. Vi furono però molte difficoltà da superare prima di poter portare a termine una descrizione completa, fondata sul principio di corrispondenza, e solo negli ultimi anni è stato possibile formulare una meccanica quantistica coerente, che può essere considerata come una generalizzazione naturale della meccanica classica e in cui la descrizione continua causale è sostituita da un modo di descrizione sostanzialmente statistico.

Un passo decisivo verso questo risultato fu compiuto dal giovane fisico tedesco Werner Heisenberg, il quale ha mostrato come le idee ordinarie di moto possano venire coerentemente sostituite da un'applicazione formale delle leggi classiche del moto, siccome il quanto d'azione compare solo in certe regole di calcolo valide per i simboli che sostituiscono le grandezze meccaniche. Quest'ingegnoso modo di affrontare il problema della teoria dei quanti richiede però un grande sforzo al nostro potere di astrazione, e la scoperta di nuovi artifici che, nonostante il loro carattere formale, soddisfano meglio la nostra esigenza d'intuitività ha perciò avuto una profonda influenza sullo sviluppo e la chiarificazione della meccanica quantistica. Penso qui all'idea delle onde materiali introdotte da Louis de Broglie, che si sono rivelate cosí feconde nelle mani di Schrödinger, in particolar modo in rapporto alla concezione degli stati stazionari, i cui numeri quantici sono stati interpretati come numero di nodi delle onde stazionarie rappresentanti gli stati stessi. De Broglie aveva preso le mosse dall'analogia, già cosí importante per lo sviluppo della meccanica classica, esistente tra le leggi che governano la propagazione della luce e quelle che valgono per il movimento dei corpi materiali. La meccanica ondulatoria costituisce infatti la controparte naturale della summenzionata teoria di Einstein dei quanti di luce. Come in questa teoria, anche nella meccanica ondulatoria non si ha a che fare con uno schema concettuale in sé conchiuso, ma piuttosto, com'è stato sottolineato in special modo da Born, con uno strumento per la formulazione delle leggi statistiche che governano i fenomeni atomici. È vero che la conferma dell'idea delle onde materiali ottenuta dagli esperimenti fatti sulla riflessione degli elettroni sui cristalli è a modo suo altrettanto decisiva quanto i risultati sperimentali che suffragano la concezione ondulatoria della propagazione della luce; dobbiamo però tener presente che l'applicazione delle onde materiali è limitata a quei fenomeni nella cui descrizione è essenziale tener conto del quanto d'azione e che giacciono pertanto fuori del campo in cui è possibile istituire una descrizione causale corrispondente alle nostre usuali forme d'intuizione e dove si può attribuire a espressioni come "natura della materia" e "natura della luce" un significato nel senso ordinario.

Mediante la meccanica quantistica è possibile dominare un vasto campo dell'esperienza. In particolare, possiamo spiegare un gran numero di questioni particolari riguardo alle proprietà fisiche e chimiche degli elementi. Di recente è stato possibile ottenere anche un'interpretazione delle trasformazioni radioattive, in cui le leggi probabilistiche empiriche valide per questi processi figurano come conseguenze immediate del particolare modo di descrizione statistico che caratterizza la teoria dei quanti. Questa interpretazione fornisce un eccellente esempio sia della fecondità che della natura formale delle concezioni ondulatorie. Da una parte abbiamo qui una connessione diretta con le abituali idee di moto, in quanto, grazie alla grande energia dei frammenti espulsi dai nuclei atomici, le traiettorie di queste particelle risultano direttamente osservabili. Dall'altra le concezioni meccaniche ordinarie non riescono assolutamente a darci una descrizione del decorso del processo di disintegrazione, in quanto il campo di forza che circonda il nucleo atomico dovrebbe, secondo queste idee, impedire alle particelle di sfuggire dal nucleo stesso. Secondo la meccanica quantistica la situazione è diversa in quanto il campo di forza costituisce sí un ostacolo che trattiene per la maggior parte le onde materiali, ma permette tuttavia a una piccola frazione di esse di fuoruscire. Quella parte di onde, che esce in un certo intervallo di tempo, dà una misura della probabilità che in quell'intervallo si verifichi la disintegrazione del nucleo atomico. Non c'è forse altro esempio in cui la difficoltà di parlare della "natura della materia" senza la predetta riserva possa trovare un risalto maggiore.

Nel caso dei quanti di luce, esiste un'analoga relazione tra le nostre immagini concettuali e il calcolo della probabilità che si verifichino effetti luminosi osservabili. In accordo con le concezioni elettromagnetiche classiche, non è però possibile attribuire alla luce una vera e propria natura materiale, dato che l'osservazione dei fenomeni luminosi dipende sempre dalla cessione di energia e quantità di moto a particelle materiali. Il contenuto tangibile dell'idea dei quanti di luce si limita piuttosto all'interpretazione della conservazione dell'energia e della quantità di moto che essa ci rende possibile. È in sostanza una delle caratteristiche principali della meccanica quantistica il fatto che, malgrado la limitazione delle concezioni meccaniche ed elettromagnetiche classiche, risulti possibile preservare le leggi di conservazione dell'energia e della quantità di moto. Queste leggi costituiscono per certi rispetti l'esatta controparte dell'ipotesi, fondamentale per la teoria atomica, della permanenza delle particelle materiali, che, nonostante la rinuncia all'idea classica del moto, è rigorosamente mantenuta nella teoria dei quanti.

Come la meccanica classica, anche la meccanica quantistica pretende di dare una descrizione esauriente di tutti i fenomeni che rientrano nel suo ambito. Per i fenomeni atomici non è possibile evitare l'uso di un modo di descrizione essenzialmente statistico; ciò consegue dall'esame approfondito delle informazioni conseguibili mediante misurazioni dirette di questi fenomeni e del significato attribuibile in questo contesto all'applicazione dei concetti fisici fondamentali. Da una parte dobbiamo considerare che il significato di questi concetti è strettamente legato alle idee fisiche abituali. Cosí, per esempio, qualunque riferimento a relazioni spazio-temporali presuppone la permanenza delle particelle elementari, proprio come le leggi di conservazione dell'energia e della quantità di moto formano la base di ogni applicazione dei concetti di energia e di quantità di moto. D'altra parte, il postulato dell'indivisibilità del quanto d'azione rappresenta un elemento del tutto estraneo alle concezioni classiche, il quale comporta per ogni misurazione non solo un'interazione finita tra oggetto e strumento, ma anche una certa indeterminazione nel calcolo di quest'interazione. In conseguenza di questo stato di cose, ogni misurazione mirante a determinare l'ordinamento spazio-temporale delle particelle elementari richiede da parte nostra una rinuncia alla conoscenza rigorosa dello scambio di energia e di quantità di moto tra le particelle e i regoli e gli orologi utilizzati come sistemi di riferimento. Analogamente, ogni determinazione dell'energia e della quantità di moto delle particelle richiede da parte nostra la rinuncia a una loro esatta coordinazione nello spazio e nel tempo. In entrambi i casi il richiamo a concetti classici, reso necessario dalla natura stessa della misurazione, equivale a rinunciare a una descrizione rigorosamente causale. Queste considerazioni portano immediatamente alle relazioni d'indeterminazione reciproca istituite da Heisenberg e da lui poste a base di un'approfondita indagine della coerenza logica della meccanica quantistica. Questa indeterminazione essenziale può essere considerata, come l'autore ha dimostrato, l'espressione diretta di una limitazione assoluta nell'applicabilità di concetti intuitivi alla descrizione dei fenomeni atomici; limitazione che si manifesta nell'apparente dilemma della natura della luce e della materia.

La rinuncia all'intuitività e alla connessione causale, cui siamo costretti nella descrizione dei fenomeni atomici, può ben essere considerata come il fallimento delle speranze che avevano costituito il punto di partenza delle concezioni atomiche. Dal punto di vista attuale della teoria atomica, tuttavia, dobbiamo considerare questa rinuncia come un essenziale progresso della nostra conoscenza. Non si tratta infatti di un fallimento dei princípi generali della scienza della natura all'interno di un campo in cui ci si attenda con ragione di poterli applicare. La scoperta del quanto d'azione, in effetti, non solo rende manifesta la limitazione naturale della fisica classica, ma gettando nuova luce sul vecchio problema filosofico dell'esistenza oggettiva dei fenomeni indipendentemente dalle nostre osservazioni, pone la scienza in una situazione affatto nuova. Come abbiamo visto, ogni osservazione comporta un'interferenza sul decorso del fenomeno, di natura tale da toglierci ogni base per la descrizione causale. Il limite alla possibilità di parlare dei fenomeni come oggettivamente esistenti, impostoci dalla stessa natura, trova la sua espressione, per quanto ci è possibile giudicare, proprio nella formulazione della meccanica quantistica. Questo non deve però venir considerato come un ostacolo a ulteriori progressi: dobbiamo solo essere preparati alla necessità di un sempre maggiore allontanamento dalle nostre abituali esigenze di una descrizione immediatamente intuitiva della natura. Dobbiamo attenderci nuove sorprese soprattutto nel campo in cui la teoria dei quanti s'incontra con la teoria della relatività, dove difficoltà insolute frappongono ancora ostacoli a un completo accordo tra le nostre conoscenze sperimentali e i mezzi interpretativi fornitici da queste teorie.

Sono lieto di poter qui sottolineare il grande significato avuto dalla teoria di Einstein della relatività nel recente sviluppo della fisica ai fini dell'emancipazione da esigenze d'intuitività. Dalla teoria della relatività abbiamo imparato che l'adeguatezza della netta separazione di spazio e tempo, richiesta dai nostri sensi, dipende unicamente dal fatto che le velocità con cui abbiamo di solito a che fare sono piccole in confronto alla velocità della luce. Analogamente possiamo dire che la scoperta di Planck ci ha portato a riconoscere che l'adeguatezza di tutto il nostro abituale atteggiamento, caratterizzato dall'esigenza di una connessione causale, dipende unicamente dalla piccolezza del quanto d'azione in confronto alle azioni con cui abbiamo a che fare nei fenomeni ordinari. Mentre la teoria della relatività ci ripropone il carattere soggettivo di tutti i fenomeni fisici, un carattere che dipende in modo essenziale dallo stato di moto dell'osservatore, il rapporto dei fenomeni atomici con la loro osservazione, messo in luce dalla teoria dei quanti, ci costringe a usare dei nostri mezzi espressivi con una cautela analoga a quella necessaria nei problemi psicologici dove ci s'imbatte di continuo nella difficoltà della definizione dei contenuti oggettivi. Sperando che non mi si fraintenda attribuendomi l'intenzione d'introdurre qui un misticismo incompatibile con lo spirito della scienza naturale, mi è forse concesso di richiamare il parallelismo esistente tra la rinata discussione sulla validità del principio di causa ed effetto e l'antichissima e tuttora perdurante discussione intorno alla libertà del volere. Come la libertà del volere è una categoria che scaturisce dall'esperienza della nostra vita psichica, la causalità può venire considerata una forma dell'intuizione mediante la quale vengono ordinate la nostre percezioni sensoriali. Al tempo stesso, però, abbiamo a che fare in entrambi i casi con idealizzazioni i cui limiti naturali vanno ulteriormente sottoposti a indagine e che si condizionano reciprocamente, nel senso che l'esperienza della volizione e l'esigenza della causalità sono egualmente indispensabili nel rapporto tra soggetto e oggetto, che costituisce il nucleo centrale del problema della conoscenza.

Prima di concludere sarebbe forse opportuno toccare la questione di quanto possa insegnarci il piú recente sviluppo della conoscenza dei fenomeni atomici, ora descritto, intorno ai problemi riguardanti gli organismi viventi. Sebbene non sia ancora possibile dare una risposta esauriente a tale questione, siamo forse in grado di cogliere una certa connessione tra questi problemi e le idee della teoria dei quanti. Una prima indicazione in questo senso si trova nel fatto che l'interazione tra gli organismi e il mondo esterno da cui dipendono le sensazioni può, almeno in certe circostanze, essere cosí piccola da avvicinarsi all'ordine di grandezza del quanto d'azione. Com'è stato spesso fatto osservare, pochi quanti di luce bastano a produrre un'impressione visiva. Vediamo perciò che le esigenze d'indipendenza e sensibilità dell'organismo sono in questo caso soddisfatte fino al limite estremo consentito dalle leggi naturali, e dobbiamo essere preparati a imbatterci in condizioni analoghe anche in altre situazioni rilevanti per la formulazione dei problemi biologici. Se però i fenomeni fisiologici presentano un affinamento sviluppato fino al limite predetto, allora ciò significa che ci avviciniamo, al tempo stesso, ai limiti della possibilità di una loro descrizione univoca per mezzo dei concetti intuitivi ordinari. Ciò non contraddice in alcun modo il fatto che gli organismi viventi ci presentano problemi che giacciono in gran parte all'interno del campo di applicazione delle nostre forme d'intuizione e hanno costituito un fecondo campo di applicazione delle concezioni classiche della fisica e della chimica. Né vediamo un qualche limite immediato all'applicabilità di tali concezioni. Come non abbiamo alcun bisogno di distinguere, in linea di principio, tra la corrente in una conduttura d'acqua e il fluire del sangue nei vasi, cosí non dovremmo attenderci *a priori* alcuna sostanziale differenza tra la propagazione delle impressioni sensoriali nei nervi e la conduzione dell'elettricità in un filo metallico. È vero che una descrizione particolareggiata di tutti questi fenomeni ci porta nel campo della fisica atomica: per quanto riguarda la conduzione dell'elettricità abbiamo infatti appreso, proprio negli ultimi anni, che soltanto quella limitazione del concetto intuitivo di moto, che è caratteristica della teoria dei quanti, ci permette di capire come gli elettroni possano muoversi tra gli atomi del filo. Nel caso di questi fenomeni non è però necessario un simile affinamento del modo di descrizione per poter interpretare quegli effetti che per primi si presentano alla nostra considerazione. Riguardo ai problemi biologici piú profondi, in cui si ha a che fare con la libertà e il potere di adattamento dell'organismo nelle sue reazioni agli stimoli esterni, dobbiamo tuttavia attenderci di trovare che la scoperta di relazioni di piú vasta portata richieda che siano prese in considerazione le medesime condizioni che determinano, nel caso dei fenomeni atomici, la limitazione della descrizione causale. Inoltre il fatto che la coscienza, cosí come noi la sperimentiamo, sia inseparabilmente connessa con la vita, deve prepararci a scoprire che il problema della distinzione tra animato e inanimato sfugge a una comprensione nel senso usuale della parola. Si può forse scusare che un fisico tocchi problemi di questo genere, ricordando che la nuova situazione creatasi nella fisica ci ha energicamente richiamati all'antica verità, che ci riconosce al contempo spettatori e attori nel grande dramma dell'esistenza.

3.
Luce e vita

1932

Mi sembra che il problema dell'influenza che i risultati acquisiti nel limitato dominio della fisica possono esercitare sul nostro punto di vista circa la posizione occupata dagli organismi viventi nell'edificio generale delle scienze naturali rivesta il piú grande interesse. Benché la difficoltà degli enigmi della vita sia particolarmente sottile, questo problema si è presentato a ogni stadio dello sviluppo della scienza, poiché l'essenza di ogni interpretazione scientifica sta nella scomposizione analitica dei fenomeni piú complessi in altri piú semplici. Attualmente la limitazione essenziale della descrizione meccanica dei fenomeni naturali rivelata dal recente sviluppo della teoria atomica ha conferito nuovo interesse al vecchio problema. Origine di questo sviluppo è stato lo studio approfondito dell'interazione della luce coi corpi materiali, nella quale si manifestano caratteristiche che non rispondono a certi requisiti fin qui ritenuti indispensabili in ogni interpretazione fisica. Come cercherò di mostrare, gli sforzi fatti dai fisici per dominare questa situazione ricordano in certo modo l'atteggiamento che i biologi assumono piú o meno consapevolmente nei confronti degli aspetti della vita. Desidero però sottolineare subito che è solo sotto quest'aspetto formale che la luce, forse il meno complesso tra i fenomeni fisici, mostra un'analogia con la vita, la cui varietà di manifestazioni sfugge al dominio dell'analisi scientifica.

Da un punto di vista fisico, la luce può venir definita come trasmissione di energia a distanza tra corpi materiali. Com'è ben noto, questi effetti trovano una semplice spiegazione nella teoria elettromagnetica, che può venir considerata come una razionale estensione della meccanica classica, atta a ridurre il contrasto tra azione a distanza e di contatto. Secondo questa teoria, la luce è descritta come un insieme di oscillazioni elettriche e magnetiche accoppiate, che differiscono dalle ordinarie onde radio solo per la maggior frequenza di vibrazione e la piú breve lunghezza d'onda. La propagazione praticamente rettilinea della luce, su cui si basa la localizzazione dei corpi tramite la visione diretta o per mezzo di opportuni strumenti ottici, dipende unicamente dalla brevità della lunghezza d'onda rispetto alle dimensioni dei corpi e degli strumenti in giuoco. Il carattere ondulatorio della propagazione della luce non solo sta alla base della nostra interpretazione dei colori, da cui con la spettroscopia sono state ricavate tante informazioni sulla costituzione dei corpi materiali, ma è altresí essenziale per qualunque analisi accurata dei fenomeni ottici. Come esempio tipico citerò solo le figure d'interferenza, che appaiono quando la luce proveniente da una sorgente perviene a uno schermo lungo due cammini diversi. In questo caso si trova che nei punti dello schermo in cui le fasi dei due treni d'onda sono uguali, cioè dove le oscillazioni elettriche e magnetiche dei due raggi coincidono, l'illuminazione risulta maggiore della somma di quelle che sarebbero prodotte dai due raggi separatamente, mentre nei punti in cui le predette oscillazioni avvengono lungo direzioni opposte e dove i treni d'onda sono, come si suol dire, sfasati l'uno rispetto all'altro l'illuminazione risulta ridotta e può anche scomparire del tutto. Queste figure d'interferenza forniscono una verifica cosí perfetta dell'interpretazione ondulatoria della propagazione della luce, da permettere di considerare questa non come un'ipotesi nell'usuale senso del termine, ma piuttosto come la descrizione corretta dei fenomeni osservati.

Tuttavia, com'è noto, il problema della natura della luce è stato ripreso in anni recenti, in seguito alla scoperta di un'atomicità intrinseca del meccanismo di trasmissione dell'energia, aspetto, questo, affatto inintelligibile dal punto di vista della teoria elettromagnetica. In effetti, qualunque trasferimento di energia luminosa può venir ricondotto a processi elementari, in ciascuno dei quali si verifica lo scambio di un cosiddetto quanto di luce, la cui energia è uguale al prodotto della frequenza delle oscillazioni elettromagnetiche per il quanto universale d'azione o costante di Planck. L'evidente contrasto tra quest'atomicità degli effetti della luce e la continuità del trasporto dell'energia nella teoria elettromagnetica ci pone di fronte a un dilemma avente un carattere fin qui sconosciuto alla fisica. Nonostante la sua evidente insufficienza, non si può pensare di sostituire la descrizione ondulatoria della propagazione della luce con un'altra basata sulle idee dell'ordinaria meccanica. In particolare, va sottolineato il fatto che i quanti di luce non possono venir considerati alla stregua di particelle, cui è possibile associare una ben definita traiettoria nel senso proprio di quella meccanica. Come una figura d'interferenza scompare del tutto se mediante un corpo non trasparente intercettiamo uno dei fasci per far sí che l'energia luminosa fluisca lungo uno solo dei due cammini tra la sorgente e lo schermo, cosí è impossibile, in ogni fenomeno per il quale la natura ondulatoria della luce intervenga in maniera essenziale, riconoscere e seguire la traiettoria dei singoli quanti, senza con questo alterare radicalmente il fenomeno di studio. Invero, la continuità spaziale della propagazione della luce e l'atomicità degli effetti di questa sono aspetti complementari, nel senso che spiegano caratteristiche dei fenomeni luminosi ugualmente importanti e che non possono mai essere colte in contraddizione reciproca, poiché una loro piú minuta analisi in termini di meccanica richiederebbe dispositivi sperimentali mutuamente escludentisi. Nello stesso tempo questo stato di cose ci costringe a rinunciare a una descrizione causale completa dei fenomeni luminosi e a cercare leggi probabilistiche in base alle quali la descrizione elettromagnetica del trasporto dell'energia rimanga valida solo in senso statistico. Tutto ciò costituisce un'applicazione tipica del cosiddetto principio di corrispondenza, che esprime il tentativo di utilizzare nella piú ampia estensione possibile i concetti delle teorie classiche della meccanica e dell'elettrodinamica, a dispetto del contrasto esistente tra queste teorie e il quanto d'azione.

A prima vista questa situazione può apparire molto sconfortante; ma, come si è verificato spesso nella storia del pensiero scientifico quando nuove scoperte hanno portato a riconoscere qualche limitazione essenziale dei concetti ritenuti fino a quel momento indispensabili, siamo ricompensati dalla conquista di un piú ampio orizzonte e di un'accresciuta capacità di mettere in correlazione fenomeni che in precedenza avrebbero potuto apparire anche contraddittori. Infatti la limitazione della meccanica classica simbolizzata dal quanto d'azione ci ha offerto una guida per la comprensione dell'intrinseca stabilità degli atomi, sulla quale riposa la descrizione meccanica dei fenomeni naturali. Naturalmente è stato sempre un aspetto fondamentale della teoria atomica la rinuncia a interpretare in termini meccanici l'indivisibilità degli atomi, e questa situazione è rimasta praticamente immutata anche dopo che all'indivisibilità degli atomi si è sostituita quella delle particelle elementari, di cui gli atomi e le molecole sono costituiti. Non mi riferisco qui al problema della stabilità intrinseca delle particelle elementari, ma a quello della stabilità delle strutture atomiche formate da queste. Se si affronta questo problema dal punto di vista della meccanica o della teoria elettromagnetica, non si riescono a spiegare le proprietà specifiche degli elementi e neppure l'esistenza dei corpi rigidi, sulla quale in definitiva riposano tutte le misure che si eseguono per ordinare i fenomeni nello spazio e nel tempo. Ora queste difficoltà sono state superate con la scoperta che ogni ben definita modificazione di un atomo è un processo individuale consistente in una transizione completa dell'atomo da uno dei suoi cosiddetti stati stazionari a un altro. Inoltre, poiché in un processo di transizione, nel corso del quale un atomo emette o assorbe luce, viene scambiato un solo quanto, è possibile misurare direttamente, per mezzo di osservazioni spettroscopiche, l'energia di ciascuno di questi stati stazionari. L'informazione ottenuta per questa via è risultata poi corroborata dallo studio degli scambi di energia che si verificano negli urti fra atomi e nelle reazioni chimiche.

In questi ultimi anni il considerevole sviluppo della meccanica atomica, verificatosi lungo le linee del principio di corrispondenza, ci ha fornito metodi per il calcolo dell'energia degli stati stazionari degli atomi e delle probabilità dei processi di transizione, rendendo con questo la nostra descrizione delle proprietà degli atomi non meno ampia della coordinazione dei dati astronomici operata dalla meccanica newtoniana. Nonostante la maggior complessità dei problemi generali della meccanica atomica, l'analisi degli effetti fisici piú semplici dovuti all'azione della luce si è dimostrata della piú grande importanza per questo sviluppo. Per esempio l'uso non ambiguo del concetto di stato stazionario sta con l'analisi meccanica dei moti interni degli atomi in un rapporto di complementarità del tutto simile a quello che intercorre tra i quanti di luce e la teoria elettromagnetica della radiazione. Infatti, qualunque tentativo mirante a seguire le fasi successive di un processo di transizione implica uno scambio non controllabile di energia tra l'atomo e gli strumenti di misurazione, che rende impossibile quel controllo del bilancio d'energia per cui ci si è mossi. La coordinazione causale meccanicistica degli eventi può venir effettuata soltanto nei casi in cui l'azione implicata è grande rispetto al quanto, e quindi risulta possibile una suddivisione del fenomeno. Se questa condizione non è verificata, l'azione degli strumenti di misura sull'oggetto in studio non può venir trascurata e per parte sua determina un'esclusione mutua fra i vari tipi d'informazione necessari per una descrizione meccanica completa di tipo consueto. L'incompletezza dell'analisi meccanica dei fenomeni atomici proviene in ultima analisi dall'ignoranza della reazione dell'oggetto sugli strumenti, presente in ogni procedimento di misurazione. Come il concetto generale di relatività esprime la dipendenza essenziale di ogni fenomeno dal sistema di riferimento spazio-temporale adottato, cosí la nozione di complementarità simbolizza una limitazione fondamentale, rivelata dalla fisica atomica, dell'esistenza oggettiva, e indipendente dagli strumenti impiegati per la loro osservazione, dei fenomeni fisici.

Questa revisione dei fondamenti della meccanica, che non risparmia neppure il concetto d'interpretazione fisica, non soltanto è essenziale per una corretta valutazione della situazione determinatasi nella teoria dell'atomo, ma fornisce una nuova base per la discussione dei problemi della biologia in rapporto alla fisica. Questo non significa che nei fenomeni atomici si manifestino proprietà piú simili a quelle degli organismi viventi di quanto non accada coi processi fisici ordinari. A prima vista il carattere essenzialmente statistico della meccanica atomica potrebbe anzi apparire in contrasto con la struttura altamente organizzata degli esseri viventi. Dobbiamo tuttavia osservare che proprio la descrizione di tipo complementare lascia adito nei processi atomici a certe regolarità che sono estranee alla meccanica, ma che risultano essenziali sia per la spiegazione del comportamento degli organismi viventi, che per l'interpretazione delle proprietà specifiche della materia inorganica. Cosí, nell'assimilazione del carbonio operata dalle piante, da cui dipende in cosí larga misura anche il nutrimento degli animali, abbiamo a che fare con un fenomeno per la comprensione del quale l'individualità dei processi foto-chimici è chiaramente essenziale. Similmente, la stabilità di tipo non meccanico delle strutture atomiche si manifesta in modo netto nelle proprietà caratteristiche di certe combinazioni chimiche notevolmente complesse, come la clorofilla e l'emoglobina, che intervengono in modo determinante nel meccanismo di assimilazione delle piante e di respirazione degli animali. Naturalmente, analogie tratte dall'ordinaria esperienza chimica, come l'antico confronto della vita col fuoco, non potranno fornire in alcun modo una spiegazione degli organismi viventi piú soddisfacente di quella che potrebbe scaturire dalla somiglianza di questi con certe strutture puramente meccaniche, come per esempio un meccanismo a orologeria. In realtà, le caratteristiche essenziali degli esseri viventi vanno ricercate in una specialissima organizzazione nella quale aspetti analizzabili in termini di meccanica ordinaria si trovano intimamente connessi, in misura sconosciuta alla materia inanimata, con altri di natura tipicamente atomistica.

Un'istruttiva illustrazione del grado di sviluppo di questa organizzazione si trova nella costituzione e nella funzione dell'occhio, per lo studio del quale la semplicità dei fenomeni luminosi si è dimostrata ancora una volta utilissima. Senza entrare nei particolari, ricorderò soltanto come l'oftalmologia ha potuto mettere in evidenza le proprietà ideali dell'occhio umano in quanto strumento ottico. Invero, il limite imposto alla formazione dell'immagine dagli inevitabili effetti interferenziali coincide praticamente con le dimensioni di quelle porzioni della retina che hanno separate connessioni nervose col cervello. Inoltre, poiché l'assorbimento di un singolo quanto di luce da parte di ognuno di questi elementi retinei è sufficiente a determinare un'impressione visiva, si può dire che la sensibilità dell'occhio raggiunge il limite posto dal carattere atomico dei processi luminosi. L'efficienza dell'occhio sotto entrambi questi aspetti è in realtà uguale a quella di un buon telescopio o microscopio, connesso con un opportuno amplificatore atto a rendere osservabili i processi elementari. È vero che con questi strumenti è possibile aumentare in modo sostanziale i nostri poteri di osservazione, ma, avendo presenti i limiti posti dalle proprietà fondamentali dei fenomeni luminosi, non è possibile pensare a uno strumento piú efficiente al proprio scopo dell'occhio umano. Ora, questa ideale perfezione dell'occhio, riconosciuta attraverso i recenti progressi della fisica, induce a pensare che anche altri organi, sia che essi servano alla ricezione d'informazione dall'ambiente oppure alla reazione a impressioni sensoriali, debbano possedere un adattamento al proprio scopo del tutto simile, e che il carattere di elementarità simbolizzato dal quanto d'azione debba manifestarsi in modo decisivo anche qui in connessione con qualche meccanismo di amplificazione. Se fino a ora è stato possibile riconoscere l'esistenza di questo limite soltanto per l'occhio, ciò è semplicemente dovuto all'estrema semplicità dei fenomeni luminosi cui abbiamo accennato piú volte.

Il riconoscimento dell'importanza essenziale degli aspetti atomistici nel meccanismo degli organismi viventi non è tuttavia sufficiente per una spiegazione realmente comprensiva dei fenomeni biologici. Si tratta perciò di stabilire se all'analisi dei fenomeni naturali non manchi ancora qualche elemento fondamentale per la comprensione della vita sulla base delle esperienze fisiche. Anche prescindendo dalla varietà praticamente inesauribile dei fenomeni biologici, una risposta a questo quesito può venire difficilmente trovata senza un esame del significato da attribuire al concetto d'interpretazione fisica ancora piú approfondito di quello cui ci ha già spinto la scoperta del quanto d'azione. Da un lato le magnifiche manifestazioni ognora rivelate dall'indagine fisiologica, cosí diverse da quelle della materia inorganica, hanno indotto i biologi a non credere possibile un'effettiva comprensione degli aspetti essenziali della vita in termini puramente fisici. D'altro canto il punto di vista noto come vitalismo si esprime in modo piuttosto ambiguo nell'ipotesi che una speciale forza vitale, sconosciuta alla fisica, governi tutta la vita organica. Io credo che, in effetti, tutti noi concordiamo con Newton nel ritenere che cardine fondamentale della scienza è il convincimento che la natura presenta sempre sotto identiche condizioni, gli stessi effetti. Se perciò riuscissimo a spingere l'analisi del meccanismo degli organismi viventi fino alla sfera dei fenomeni atomici, non ci dovremmo attendere di trovare manifestazioni estranee alla materia inorganica. Di fronte a questo dilemma non va però dimenticato che le condizioni della ricerca biologica e fisica non sono confrontabili direttamente, poiché la necessità di tenere in vita l'oggetto impone nel primo caso restrizioni che non hanno controparte nel secondo. Cosí, dovremmo certamente uccidere un animale, se volessimo spingere lo studio dei suoi organi a un punto tale da poter riconoscere la parte rappresentata dai singoli atomi nelle funzioni vitali. In ogni esperimento eseguito su degli organismi viventi va lasciata una certa indeterminatezza alle condizioni fisiche cui quegli organi sono sottoposti, e tutto induce a ritenere che la libertà minima che si è cosí venuti a concedere all'organismo sia in ogni caso sufficiente a permettergli di nasconderci, per cosí dire, il suo segreto. Da questo punto di vista la mera esistenza della vita andrebbe considerata in biologia come un fatto elementare, allo stesso modo come in fisica atomica l'esistenza del quanto d'azione va accettata come un dato primario non derivabile dalla meccanica ordinaria. In effetti, l'essenziale impossibilità di un'analisi di tipo meccanico della stabilità atomica presenta una stretta analogia con l'impossibilità di un'interpretazione fisica o chimica delle peculiari funzioni che caratterizzano la vita.

Considerando quest'analogia, dobbiamo tuttavia ricordare che i problemi si presentano in fisica atomica e in biologia secondo aspetti sostanzialmente diversi. Mentre nel primo caso l'interesse principale è per il comportamento della materia nelle sue forme piú semplici, la complessità dei sistemi considerati dalla biologia è di natura fondamentale, poiché anche gli organismi piú primitivi contengono un numero enorme di atomi. È vero che l'ampiezza del campo di applicabilità della meccanica ordinaria, comprendente anche la descrizione degli strumenti di misura impiegati nella fisica atomica, si basa sulla possibilità di trascurare la complementarità della descrizione introdotta dal quanto d'azione in quei casi in cui intervengono corpi contenenti un grande numero di atomi. È tuttavia tipico della ricerca biologica che, a dispetto dell'importanza essenziale rivestita dai fenomeni atomici, non è mai possibile controllare le condizioni esterne cui un singolo atomo è soggetto, nella misura in cui questo risulta possibile nelle esperienze fondamentali della fisica atomica. In particolare non siamo neppure in grado di precisare quali atomi appartengano effettivamente a un organismo vivente, poiché a ogni funzione vitale è associato uno scambio di materia per il quale atomi sono continuamente assorbiti o ceduti dalla struttura che costituisce l'essere vivente. Questo scambio si estende anzi a tutte le parti dell'organismo a un grado tale da rendere impossibile una distinzione netta sul piano delle dimensioni atomiche tra quegli aspetti che possono venire interpretati senza ambiguità sulla base della meccanica ordinaria e quelli che richiedono la considerazione del quanto d'azione. Questa fondamentale differenza tra ricerca fisica e ricerca biologica comporta l'impossibilità di tracciare un ben definito limite per l'applicabilità dei concetti fisici ai problemi della vita, che corrisponda alla distinzione che si fa nella meccanica atomica tra il campo della descrizione causale meccanica e quello dei fenomeni propriamente quantici. Questa limitazione dell'analogia trae la sua origine dalle mere definizioni date alle parole "vita" e "meccanica", e cioè in definitiva da una questione di convenzioni. Da un lato, il problema di una limitazione della fisica nel dominio della biologia perderebbe subito ogni senso se, invece di distinguere gli organismi viventi dai corpi inanimati, estendessimo l'idea della vita a tutti i fenomeni naturali. D'altra parte, se in accordo col linguaggio comune vogliamo riservare la parola "meccanica" alla non ambigua descrizione causale dei fenomeni naturali, locuzioni come "meccanica atomica" perderebbero ogni senso. Non mi soffermerò oltre su questioni di pura terminologia e aggiungerò solo che l'essenza dell'analogia in discussione è l'evidente mutua esclusione tra aspetti tipici della vita come la conservazione e la generazione, da una parte, e la suddivisione necessaria per una qualunque analisi fisica, dall'altra. Proprio per questo essenziale aspetto di complementarità il concetto di fine, estraneo all'analisi meccanica, trova un certo campo di applicazione in biologia. In questo senso argomentazioni teleologiche possono infatti trovare legittimamente posto in una descrizione fisiologica, che prenda gli aspetti caratteristici della vita nel dovuto conto, in modo simile a quello con cui in fisica atomica il principio di corrispondenza tiene conto del quanto d'azione.

Discutendo l'applicabilità di concetti puramente fisici agli organismi viventi, abbiamo ovviamente trattato la vita come ogni altro fenomeno dell'universo materiale. Non è tuttavia nemmeno il caso di sottolineare che quest'atteggiamento, tipico della ricerca biologica, non trascura gli aspetti psicologici della vita. Al contrario, il riconoscimento della limitazione dei concetti meccanici in fisica atomica sembra atto a conciliare i contrastanti punti di vista della fisiologia e della psicologia. Infatti, la necessità di considerare l'interazione tra strumento di misura e oggetto in esame mostra una stretta analogia con le difficoltà peculiari dell'analisi psicologica, provenienti dal fatto che il contenuto mentale risulta modificato ogni volta che l'attenzione è concentrata su un qualunque particolare aspetto di esso. Insistere su quest'analogia, che porta un chiarimento essenziale al parallelismo psico-fisico, ci condurrebbe troppo lontano. Desidero però sottolineare che considerazioni di questo tipo sono diametralmente opposte a ogni tentativo di scoprire nella descrizione statistica dei fenomeni atomici nuovi argomenti a favore di possibili influenze spirituali sul comportamento della materia. Per esempio è impossibile, dal nostro punto di vista, attribuire un significato non ambiguo all'opinione talora espressa che la probabilità di verificarsi di certi processi atomici nel corpo possa essere sotto la diretta influenza della volontà. In effetti, secondo l'interpretazione generalmente data del parallelismo psico-fisico, la libertà della volontà va considerata come un carattere della vita cosciente, che corrisponde a funzioni dell'organismo le quali non solo non ammettono una descrizione meccanica causale, ma si sottraggono anche a ogni analisi fisica spinta ai limiti richiesti da un'applicazione non ambigua delle leggi statistiche della meccanica atomica. Senza dilungarmi in argomentazioni di carattere metafisico, aggiungerò solo che un'analisi del concetto di spiegazione comincerebbe e finirebbe, naturalmente, con la rinuncia a spiegare la nostra stessa attività cosciente.

Per concludere, non è necessario che sottolinei il fatto che con nessuna delle mie osservazioni ho inteso esprimere scetticismo circa il futuro sviluppo delle scienze fisiche e biologiche. Tale scetticismo è in realtà lontano dalla mente dei fisici, in un tempo come il presente in cui il riconoscimento dei limiti dei nostri concetti fondamentali si è tradotto in un notevole sviluppo della nostra scienza. Né la rinuncia a una spiegazione della vita ha impedito il magnifico progresso cui abbiamo assistito in ogni ramo della biologia, compresi quelli che si sono dimostrati cosí utili alla medicina. Anche se non risulta possibile tracciare una netta separazione fisica tra salute e malattia, non c'è assolutamente posto per alcuno scetticismo.

4.
Biologia e fisica atomica

1937

L'opera immortale di Galvani, che ha dato inizio a una nuova epoca nella storia della scienza, è una delle piú brillanti dimostrazioni dell'estrema fecondità cui può portare la fusione dello studio della natura inanimata con quello delle proprietà degli organismi viventi. Di qui l'opportunità di passare in rassegna l'atteggiamento assunto attraverso i secoli dagli scienziati nei confronti del rapporto tra fisica e biologia e, in particolare, discutere l'orientamento determinato a questo riguardo dallo straordinario sviluppo della teoria atomica negli ultimi tempi.

Fin dai primi albori della scienza, la teoria atomica è stata il punto di convergenza degli sforzi tendenti a ottenere una visione unitaria dell'enorme varietà dei fenomeni naturali. Già Democrito, che con intuizione profonda mise in rilievo la necessità dell'atomismo come base di ogni interpretazione razionale delle ordinarie proprietà della materia, cercò anche, com'è ben noto, di utilizzare le idee atomistiche per spiegare le peculiarità della vita organica e perfino della psicologia umana. Considerato il carattere fantastico di cosí estreme concezioni materialistiche, appare naturale la reazione di Aristotele che, valendosi di un'assoluta padronanza delle conoscenze del suo tempo cosí nella fisica come nella biologia, respinse totalmente la teoria atomica e cercò di costruire uno schema sufficientemente ampio che desse ragione della ricchezza dei fenomeni naturali sulla base di idee essenzialmente teleologiche. Gli aspetti estremisti della dottrina aristotelica furono a loro volta messi gradualmente in luce dalla scoperta di leggi naturali elementari valide sia per i corpi inanimati che per gli organismi viventi.

Andando col pensiero alla scoperta dei princípi della meccanica, divenuti poi base fondamentale di tutta la fisica, non è forse privo d'interesse, a questo riguardo, osservare che la scoperta di Archimede del principio dell'equilibrio dei corpi galleggianti, dovuta secondo la tradizione alla sensazione di spinta verso l'alto sperimentata in una vasca da bagno, avrebbe potuto benissimo venire ricavata dalla comune esperienza relativa alla perdita di peso delle pietre nell'acqua. Allo stesso modo va considerato del tutto accidentale che la scoperta delle leggi fondamentali della dinamica per opera di Galileo risalga all'osservazione del moto pendolare di una lampada nella cattedrale di Pisa e non piuttosto di quello di un bambino sull'altalena. Naturalmente queste analogie puramente esteriori hanno avuto solo un peso molto piccolo nel riconoscimento dell'essenziale unità di princípi governante i fenomeni naturali, se confrontata con le profonde similitudini tra organismi viventi e meccanismi tecnici, scoperte attraverso lo studio dell'anatomia e della fisiologia, perseguito con tanta intensità durante il Rinascimento particolarmente in Italia.

L'entusiasmo per le prospettive aperte alla filosofia naturale dal successo del nuovo metodo sperimentale – egualmente favorito dall'ampliamento dell'immagine dell'universo dovuta alla visione di Copernico e dalla spiegazione del meccanismo della circolazione negli animali, resa possibile dalla grande scoperta di Harvey – trova forse la sua espressione piú efficace nell'opera di Borelli, che riuscí a chiarire nei piú minuti particolari la funzione meccanica dello scheletro e dei muscoli nel moto animale. La classicità di questo lavoro non è in alcun modo oscurata dai tentativi fatti da Borelli stesso e dai suoi seguaci di spiegare l'attività nervosa e la secrezione ghiandolare ricorrendo a primitivi modelli meccanici, la cui evidente arbitrarietà e grossolanità suscitò critiche generali di cui una traccia è rimasta nel semironico nome di "iatrofisici" attribuito agli appartenenti alla scuola borelliana. Similmente i tentativi, ragionevoli all'origine, di applicare la crescente conoscenza delle trasformazioni tipicamente chimiche della materia ai processi fisiologici, che trovarono un entusiasta sostenitore in Sylvius, provocarono rapidamente, per l'esagerazione di superficiali somiglianze tra digestione e fermentazione da una parte e le piú semplici reazioni inorganiche dall'altra, un'opposizione che ha trovato la sua espressione nella denominazione di "iatrochimica" applicata a questi prematuri tentativi.

Le ragioni dell'insuccesso di questi sforzi pionieristici, miranti a utilizzare la fisica e la chimica per ottenere un'interpretazione unitaria delle proprietà degli organismi viventi, sono per noi evidenti. Non solo si è dovuto aspettare fino al tempo di Lavoisier per arrivare alla scoperta di quei princípi fondamentali della chimica che hanno fornito la chiave per la comprensione della respirazione e, piú tardi, la base per lo straordinario sviluppo della cosiddetta chimica organica, ma, fino alle scoperte di Galvani, un intero aspetto fondamentale delle leggi della fisica era rimasto nascosto. È estremamente suggestivo pensare che il germe, che nelle mani di Volta, Oersted, Faraday e Maxwell si è sviluppato dando origine a una struttura comparabile per importanza alla meccanica newtoniana, è scaturito da ricerche aventi per oggetto i fenomeni biologici. Riesce infatti difficile immaginare come avrebbe potuto venire realizzato il passaggio dagli esperimenti con corpi elettricamente carichi, pur cosí fecondi nelle mani di Franklin, allo studio delle correnti galvaniche, qualora i sensibili strumenti necessari per la rivelazione di quelle correnti, in seguito facilmente costruiti, non fossero stati forniti dalla natura stessa nel tessuto nervoso degli animali superiori.

Non è possibile in questa sede delineare, sia pure schematicamente, l'enorme sviluppo che fisica e chimica hanno avuto dopo Galvani, né enumerare le scoperte fatte in ogni ramo della biologia durante l'ultimo secolo. Ricorderò soltanto che dal lavoro pionieristico svolto nell'Università di Bologna da Malpighi e Spallanzani si è giunti all'embriologia e alla batteriologia moderne, e da quello di

Galvani alle recenti affascinanti ricerche sugli stimoli nervosi. Nonostante la profondità della comprensione cosí ottenuta degli aspetti fisici e chimici di molte reazioni biologiche tipiche, la mirabile finezza di struttura degli organismi e la varietà dei loro meccanismi di regolazione superano di tanto ogni nostra esperienza riguardante la natura inanimata, che ci sentiamo ancora piú che mai lontani da una spiegazione della vita lungo queste linee. Infatti, quando assistiamo alle appassionate controversie scientifiche sull'importanza che per questo problema possono avere le recenti scoperte degli effetti venefici e delle proprietà riproduttive dei cosiddetti *virus*, sentiamo di essere di fronte a un dilemma non meno acuto di quello che già si presentava a Democrito e ad Aristotele.

Nella presente situazione l'interesse si concentra ancora una volta sulla teoria atomica, benché naturalmente su un piano molto diverso. Da quando Dalton ha applicato con tanto successo la concezione atomistica all'interpretazione delle leggi quantitative che regolano la costituzione dei composti chimici, non solo questa teoria è diventata la base indispensabile e la guida infallibile di ogni ragionamento nella chimica, ma lo straordinario raffinamento della tecnica sperimentale ci ha anche fornito i mezzi per studiare fenomeni che dipendono direttamente dall'azione dei singoli atomi. Nello stesso tempo in cui questo progresso eliminava le ultime tracce del pregiudizio tradizionale secondo il quale, per la rozzezza dei nostri sensi, all'uomo non sarebbe mai stato possibile dimostrare l'effettiva esistenza degli atomi, esso metteva in luce aspetti dell'atomicità nelle leggi della natura ancor piú profondi di quelli espressi dalla vecchia dottrina della limitata divisibilità della materia. Abbiamo infatti appreso che lo stesso schema concettuale su cui poggia l'imponente edificio della cosiddetta fisica classica, atto a spiegare la nostra quotidiana esperienza e a formulare l'intero sistema di leggi applicabili al comportamento della materia su scala macroscopica, va ampliato in maniera essenziale se si vuole che comprenda anche i fenomeni atomici. Per poter adeguatamente valutare le possibilità che questo nuovo punto di vista nella filosofia naturale offre al riguardo di un atteggiamento razionale circa i problemi fondamentali della biologia, occorre riepilogare brevemente lo sviluppo che ha portato al chiarimento della situazione nella teoria atomica.

Il punto di partenza della fisica atomica moderna è stato, com'è ben noto, la scoperta della natura atomica dell'elettricità, prima suggerita dalle famose ricerche di Faraday sull'elettrolisi galvanica e poi stabilita in modo definitivo tramite l'isolamento dell'elettrone nel fenomeno delle scariche elettriche nei gas rarefatti, scoperta che aveva suscitato il piú grande interesse verso la fine dell'ultimo secolo. Mentre le brillanti ricerche di J. J. Thomson mettevano ben presto in chiaro la parte essenziale rappresentata dagli elettroni nei piú svariati fenomeni fisici e chimici, la nostra conoscenza circa le unità strutturali della materia rimase incompleta fino alla scoperta di Rutherford del nucleo atomico, scoperta che veniva a coronare il suo lavoro di pioniere sulle trasmutazioni radioattive spontanee di certi elementi pesanti. Questa scoperta offriva per la prima volta una spiegazione inoppugnabile dell'invariabilità degli elementi nelle reazioni chimiche ordinarie, mostrando che nel corso di queste il piccolo ma pesante nucleo atomico resta immutato, mentre ciò che risulta alterata è solo la distribuzione degli elettroni leggeri intorno a quello. Oltre a ciò essa fornisce un'immediata comprensione non solo dell'origine della radioattività naturale, interpretabile in termini di esplosioni nucleari, ma anche della possibilità, in seguito scoperta dallo stesso Rutherford, d'indurre trasmutazioni artificiali negli elementi mediante il bombardamento con particelle pesanti molto veloci, le quali, collidendo coi nuclei, possono causarne la disintegrazione.

Entrare in un esame piú particolareggiato del nuovo campo di ricerca aperto dallo studio delle trasmutazioni nucleari ci porterebbe troppo lontano dall'argomento di questo discorso. Per noi il punto essenziale non sta in queste nuove esperienze, ma nell'evidente impossibilità d'interpretare i dati delle ordinarie esperienze fisiche e chimiche sulla base delle caratteristiche fondamentali del modello atomico di Rutherford senza divergere radicalmente dalle idee classiche della meccanica e dell'elettromagnetismo. Infatti, pur avendo la meccanica newtoniana portato alla comprensione dell'armonia dei moti dei pianeti, armonia che trova la sua espressione nelle leggi di Keplero, le proprietà di stabilità di modelli meccanici come il sistema solare, che, se perturbati, non presentano alcuna tendenza a ritornare nello stato primitivo, non hanno evidentemente molta somiglianza con quella stabilità intrinseca delle configurazioni elettroniche degli atomi, che è responsabile delle proprietà specifiche dei singoli elementi. Questa stabilità è illustrata efficacemente soprattutto dall'analisi spettrale, la quale, com'è ben noto, ha dimostrato che ogni elemento possiede uno spettro caratteristico di righe ben distinte, indipendenti dalle condizioni esterne a un punto tale da costituire un mezzo d'identificazione della composizione materiale delle stelle anche piú remote attraverso le osservazioni spettroscopiche.

Una via per la soluzione di questo dilemma era, tuttavia, già indicata dalla scoperta di Planck del quanto elementare d'azione, che rappresentava il risultato di un indirizzo del tutto diverso di ricerche fisiche. Com'è noto, Planck era stato condotto a questa fondamentale scoperta dalla sua acuta analisi di quegli aspetti dell'equilibrio termico tra materia e radiazione che, secondo i princípi generali della termodinamica, non dovrebbero in alcun modo dipendere da qualsivoglia proprietà specifica della materia e, di conseguenza, da concezioni particolari circa la costituzione atomica. L'esistenza del quanto elementare d'azione corrisponde, in realtà, a un nuovo aspetto d'individualità dei processi fisici che è del tutto estraneo alle leggi classiche della meccanica e dell'elettromagnetismo, e che confina la validità di queste essenzialmente a quei fenomeni che coinvolgono azioni grandi rispetto al valore del singolo quanto dato dalla costante di Planck. Questa condizione, largamente soddisfatta nei fenomeni dell'esperienza fisica ordinaria, non si applica minimamente al comportamento degli elettroni negli atomi, ed è in realtà solo l'esistenza del quanto d'azione che rende impossibile il fondersi degli elettroni col nucleo in un solo corpuscolo neutro pesante, di estensione praticamente infinitesima.

Da tutto questo scaturí immediatamente l'interpretazione del legame di ciascun elettrone nel campo del nucleo come successione di processi individuali, nel corso dei quali l'atomo passa da uno dei suoi stati cosiddetti stazionari a un altro, emettendo l'energia corrispondente sotto forma di un singolo quanto di radiazione elettromagnetica. Questo modo di vedere, molto affine all'interpretazione dell'effetto fotoelettrico data da Einstein e scaturito in modo del tutto spontaneo dalle belle ricerche di Franck e Hertz sull'eccitazione delle righe spettrali per urto di elettroni con atomi, non solo forní un'immediata spiegazione delle leggi generali degli spettri di righe scoperte da Balmer, Rydberg e Ritz, ma, con l'aiuto dei dati spettroscopici, portò gradualmente a una classificazione sistematica dei tipi di legame stazionario degli elettroni negli atomi, fornendo una spiegazione completa di quelle notevoli correlazioni esistenti tra le proprietà fisiche e chimiche degli elementi, che trovano la loro espressione nella famosa tavola periodica di Mendeleev. Mentre questa interpretazione delle proprietà della materia appariva come una realizzazione, superante perfino il sogno dei pitagorici, dell'antico ideale di ridurre la formulazione delle leggi naturali semplicemente alla considerazione di numeri, l'ipotesi fondamentale dell'individualità dei processi atomici implicava al tempo stesso la rinuncia a quella connessione causale degli eventi fisici, che per secoli era stata base non discussa della filosofia naturale.

Non solo risultava assolutamente escluso dalle esperienze piú diverse qualsiasi ritorno a schemi compatibili col principio di causalità, ma anzi si vide ben presto che i rozzi tentativi con cui si era cominciato a tener conto dell'esistenza del quanto d'azione potevano venire sviluppati in una vera e propria meccanica atomica, di natura essenzialmente statistica e perfettamente confrontabile per coerenza e completezza con la meccanica classica, di cui quella appare ora una razionale generalizzazione. Questa nuova meccanica quantistica, che, com'è noto, dobbiamo soprattutto all'intelligente contributo della nuova generazione di fisici, ha chiarito in modo essenziale le basi epistemologiche dell'analisi e della sintesi dei fenomeni atomici, per non parlare della sua straordinaria fecondità in ogni ramo della fisica atomica e della chimica. La revisione del problema stesso dell'osservazione, iniziata da Heisenberg, uno dei fondatori della meccanica quantistica, ha infatti condotto a mettere in luce alcuni presupposti che erano stati fin qui ignorati e che sono necessari per l'uso non ambiguo dei concetti anche piú elementari su cui è basata la descrizione dei fenomeni naturali. Il punto cruciale sta nel riconoscimento del fatto che qualunque tentativo di analisi, inteso nel modo proprio della fisica classica, dell'"individualità" dei processi atomici, risulterebbe frustrato, in quanto condizionato dal quanto d'azione, dall'ineliminabile interazione tra gli oggetti atomici in studio e gli indispensabili strumenti di misura.

Una conseguenza immediata di questa situazione è che i risultati di osservazioni effettuate sul comportamento di oggetti atomici mediante dispositivi sperimentali differenti non possono piú, in generale, venire combinati secondo i procedimenti tipici della fisica classica. In particolare, qualunque procedimento immaginabile tendente alla coordinazione nello spazio e nel tempo degli elettroni di uno stesso atomo comporterebbe inevitabilmente uno scambio di energia e di quantità di moto tra l'atomo e gli apparati di misura, incontrollabile in linea di principio e tale da distruggere totalmente la regolarità della stabilità atomica di cui è responsabile il quanto d'azione. Viceversa, lo studio di queste regolarità, che richiede l'applicazione delle leggi di conservazione dell'energia e della quantità di moto, impone in linea di principio una rinuncia alla coordinazione spazio-temporale dei singoli elettroni nell'atomo. Lungi dall'essere incompatibili, gli aspetti dei fenomeni quantici rivelati da esperimenti eseguiti sotto condizioni mutuamente escludentesi vanno ora considerati complementari in una guisa affatto nuova. Il punto di vista della "complementarità" non equivale infatti a una rinuncia arbitraria all'analisi dei fenomeni atomici, ma è al contrario l'espressione di una sintesi razionale del complesso di esperienze in questo dominio, che si estende oltre i limiti entro cui l'applicazione del concetto di causalità è naturalmente confinato.

Pur riconoscendo l'incoraggiamento offerto al perseguimento di ricerche di questo tipo dal grande esempio della teoria della relatività, che con la scoperta d'insospettati presupposti alla base di un uso corretto e non ambiguo di tutti i concetti fisici ha aperto nuove possibilità per la comprensione di fenomeni apparentemente inconciliabili, dobbiamo ammettere che la situazione quale si presenta nella teoria atomica moderna è di un tipo assolutamente nuovo nella storia delle scienze fisiche. Infatti l'intera struttura concettuale della fisica classica, portata a cosí splendida unità e compiutezza da Einstein, riposa sull'ipotesi, consona con la nostra quotidiana esperienza dei fenomeni fisici, che è possibile distinguere tra il comportamento degli oggetti materiali e l'osservazione degli stessi. Per trovare un parallelo alla lezione offertaci dalla teoria atomica sulla limitata applicabilità di simili abituali idealizzazioni, dobbiamo volgerci a rami del tutto differenti della scienza, come la psicologia, o anche a quel tipo di problemi epistemologici che già pensatori come Buddha e Lao Tze hanno affrontato nel tentativo di armonizzare la nostra posizione di spettatori e attori a un tempo del grande dramma dell'esistenza. Il riconoscimento di un'analogia di carattere puramente logico fra i problemi che si presentano in domíni tanto separati dell'interesse umano non comporta però in alcun modo l'introduzione nella fisica atomica di tratti mistici, estranei al vero spirito della scienza; al contrario ci sprona a esaminare se lo scioglimento dei paradossi inaspettatamente incontrati nell'applicazione dei concetti piú semplici ai fenomeni atomici non possa aiutarci a chiarire difficoltà concettuali in altri campi dell'esperienza.

Non sono neppure mancati incoraggiamenti a indagare sull'esistenza di un'eventuale correlazione diretta tra vita o libero arbitrio da una parte e quegli aspetti dei fenomeni atomici, per la comprensione dei quali lo schema della fisica classica è evidentemente troppo angusto, dall'altra. Si può infatti riconoscere che, tra i molti aspetti caratteristici delle reazioni degli organismi viventi, alcuni, come la sensibilità della percezione visiva o l'induzione di mutazioni nei geni per opera delle radiazioni penetranti, comportano indubbiamente un'amplificazione degli effetti di processi atomici individuali, in tutto analoga a quella su cui si basa la tecnica sperimentale della fisica atomica. Tuttavia, l'aver scoperto che la finezza dei meccanismi di organizzazione e di regolazione degli organismi viventi supera di gran lunga ogni precedente aspettativa, non ci fornisce ancora la chiave dei caratteri peculiari della vita. In effetti, i cosiddetti aspetti finalistici dei fenomeni biologici non sono immediatamente interpretabili sulla base dell'individualità dei processi atomici, rivelata dalla scoperta del quanto d'azione; anzi il carattere essenzialmente statistico della meccanica quantistica sembrerebbe a prima vista aumentare le difficoltà d'interpretazione delle regolarità tipiche dei fenomeni biologici. Al cospetto di questo dilemma, tuttavia, l'insegnamento generale della teoria atomica è che la sola via per conciliare le leggi fisiche coi concetti atti alla descrizione dei fenomeni biologici passa per l'esame delle differenze sostanziali esistenti fra le condizioni di osservazione nei due campi d'indagine.

Anzitutto dobbiamo renderci conto del fatto che ogni dispositivo sperimentale con cui fosse possibile studiare il comportamento degli atomi di un organismo, come si fa per i singoli atomi nelle esperienze fondamentali della fisica atomica, escluderebbe di per sé la possibilità di mantenere quell'organismo in vita. Lo scambio incessante di materia che è inseparabilmente connesso con la vita comporterebbe anzi l'impossibilità di riguardare un organismo come un ben definito sistema di particelle materiali, alla stregua di quelli considerati nello studio delle ordinarie proprietà fisiche e chimiche della materia. In effetti, siamo indotti a considerare le leggi tipiche della biologia come leggi naturali complementari rispetto a quelle governanti le proprietà dei corpi inanimati, in analogia con la relazione di complementarità intercorrente tra le proprietà di stabilità di un atomo e il comportamento dinamico delle particelle costituenti l'atomo stesso. In questo senso l'esistenza stessa della vita andrebbe considerata, quanto alla sua definizione e alla sua osservazione, come un postulato fondamentale della biologia, non suscettibile di ulteriori analisi, nello stesso modo in cui l'esistenza del quanto d'azione, insieme con l'atomicità della materia, forma la base elementare della fisica atomica.

Si osserverà che un simile punto di vista è ugualmente lontano dagli estremismi e del meccanicismo e del vitalismo. Da una parte, esso condanna come irrilevante ogni confronto degli organismi viventi con le macchine, siano queste le costruzioni relativamente semplici considerate dai vecchi iatrofisici o i piú raffinati strumenti moderni di amplificazione: una valutazione non sufficientemente critica intorno a un simile confronto ci meriterebbe il soprannome di "iatroquantisti". D'altra parte, esso respinge come irrazionali quei tentativi d'introdurre leggi biologiche speciali incompatibili con leggi fisiche e chimiche ben controllate, che sono tornati di moda sotto l'impressione delle magnifiche scoperte che l'embriologia ha fatto nello studio della crescita e divisione delle cellule. A questo riguardo va ricordato in particolare che la possibilità di evitare simili incompatibilità nell'ambito della complementarità è assicurata dal fatto che ogni risultato dell'indagine biologica non è esprimibile in modo non ambiguo se non in termini fisico-chimici, esattamente come l'interpretazione di ogni esperimento anche di fisica atomica deve in ultima analisi far ricorso a quei concetti che sono indispensabili a una cosciente sistemazione delle impressioni sensoriali.

Quest'ultima considerazione ci riconduce nell'ambito della psicologia, dove le difficoltà offerte dai problemi di definizione e di osservazione sono state chiaramente sentite molto prima che gli stessi problemi diventassero acuti per le scienze naturali. Infatti l'impossibilità di distinguere nell'esperienza psichica tra i fenomeni e la loro percezione cosciente impone evidentemente la rinuncia a una semplice descrizione causale modellata sulla fisica classica, e anche solo il modo con cui parole come "pensieri" e "sensazioni" vengono usate per descrivere le corrispondenti esperienze ci ricorda in maniera estremamente suggestiva la complementarità incontrata nella fisica atomica. Tralascerò ogni altra considerazione, limitandomi a sottolineare il fatto che è proprio quest'impossibilità di distinguere nettamente, nel corso dell'introspezione, il soggetto dall'oggetto, ad assicurare alla volontà lo spazio necessario alle sue manifestazioni. Voler connettere il libero volere, come spesso si fa, piú direttamente con quella limitazione della causalità che si manifesta nella sfera atomica, rimane però totalmente al di fuori del pensiero che ha ispirato le osservazioni qui esposte circa i problemi della biologia.

5.
Filosofia naturale e culture umane

1938

Può forse avere qualche interesse un breve richiamo all'aspetto epistemologico degli ultimi sviluppi della filosofia naturale e al suo rapporto coi problemi generali dell'uomo. Nonostante il grande divario esistente tra i diversi rami della conoscenza di cui ci occupiamo, la recente lezione appresa dai fisici circa la cautela con la quale tutte le convenzioni usuali vanno applicate non appena si esce dall'esperienza quotidiana, può, in effetti, servire a mostrare sotto nuova luce i pericoli, ben noti agli umanisti, insiti nell'atteggiamento di chi giudica dal proprio punto di vista culture sviluppatesi in seno ad altre società.

Ovviamente non è possibile tracciare una netta separazione tra filosofia naturale e cultura umana. Le scienze fisiche sono in realtà parte integrante della nostra civiltà, non solo perché la nostra sempre crescente padronanza delle forze naturali ha radicalmente modificato le condizioni materiali di vita, ma anche perché lo studio di queste scienze ha notevolmente contribuito a chiarire i fondamenti della nostra stessa esistenza. Si pensi a questo riguardo al significato del fatto che noi non ci consideriamo piú alla stregua di esseri privilegiati che vivono al centro dell'universo, in mezzo a meno fortunate società poste sul margine dell'abisso, bensí abbiamo riconosciuto, grazie allo sviluppo dell'astronomia e della geografia, che quello su cui abitiamo è un piccolo pianeta rotondo appartenente al sistema solare, il quale a sua volta è solo una piccola parte di sistemi ancora piú vasti. E ancora si pensi all'ammonizione perentoria circa la relatività di ogni umano giudizio, che negli anni recenti ci è venuta dalla revisione dei presupposti che stanno alla base dell'uso non ambiguo dei concetti anche piú elementari come lo spazio e il tempo, revisione la quale, nel rendere manifesta la dipendenza essenziale di ogni fenomeno fisico dallo stato dell'osservatore, ha largamente contribuito all'unità e bellezza dell'attuale descrizione dell'universo.

Mentre l'importanza che queste grandi conquiste hanno per il nostro orientamento generale è comunemente riconosciuta, non si può forse dire altrettanto per l'imprevista lezione epistemologica che ci è venuta negli ultimi anni dall'aprirsi di nuovi campi di ricerca per la fisica. La nostra penetrazione nel mondo degli atomi, fin qui chiuso agli occhi dell'uomo, è in realtà un'avventura paragonabile ai grandi viaggi di scoperta dei circumnavigatori e alle esplorazioni degli astronomi nelle profondità degli spazi celesti. Com'è ben noto, il meraviglioso sviluppo dell'arte della sperimentazione fisica non solo ha cancellato del tutto la vecchia credenza secondo cui la grossolanità dei nostri sensi ci avrebbe per sempre impedito di attingere direttamente ai singoli atomi, ma ha perfino mostrato che gli atomi sono costituiti da corpuscoli ancora piú piccoli, che possono venire isolati e studiati separatamente. Nello stesso tempo abbiamo appreso, tuttavia, che le leggi naturali precedentemente note, di cui è costituito il grandioso edificio della fisica classica, sono valide solo per quei sistemi che comprendono un numero praticamente infinito di atomi. Infatti le nuove conoscenze sul comportamento dei singoli atomi o componenti atomici hanno rivelato l'esistenza di un limite imprevisto alla suddivisione di ogni azione fisica, il cui significato supera di gran lunga la vecchia dottrina della limitata divisibilità della materia e attribuisce a ogni processo atomico un peculiare carattere d'individualità. Questa scoperta ha, in effetti, offerto una base affatto nuova alla comprensione della stabilità intrinseca della struttura atomica la quale, in ultima analisi, condiziona le regolarità che si manifestano in ogni ordinaria esperienza.

L'illustrazione piú chiara del cambiamento radicale introdotto dallo sviluppo della fisica atomica nel nostro atteggiamento circa la descrizione della natura sta forse nel fatto che anche il principio di causalità, fin qui ritenuto fondamento indiscutibile di ogni interpretazione dei fenomeni naturali, si è rivelato incapace di abbracciare anche le regolarità caratteristiche dei processi atomici individuali. Ognuno comprende che i fisici devono aver avuto ragioni fortissime per rinunciare all'idea di causalità; d'altra parte, nello studio dei fenomeni atomici abbiamo visto ripetutamente problemi, ritenuti definitivamente risolti da lungo tempo, riservarci le piú incredibili sorprese. Sono ben noti quei misteriosi aspetti delle piú elementari proprietà della luce e della materia, che hanno impegnato i fisici negli ultimi anni. Le contraddizioni incontrate in questo campo sono in effetti non meno acute di quelle che al principio del secolo diedero origine alla teoria della relatività e, come allora, hanno trovato soluzione solo attraverso un piú attento esame dei limiti imposti dalle nuove esperienze all'uso coerente dei concetti impliciti nella descrizione dei fenomeni. Mentre il punto cruciale della teoria della relatività stava nel riconoscere i modi essenzialmente diversi secondo cui osservatori in moto relativo descrivono il comportamento di oggetti assegnati, il chiarimento dei paradossi della fisica atomica ha rivelato che l'inevitabile interazione degli oggetti con gli strumenti di misura pone un limite assoluto alla possibilità di parlare di comportamento degli oggetti atomici indipendentemente dai mezzi di osservazione.

Siamo con ciò di fronte a un problema epistemologico di natura totalmente nuova nella filosofia naturale, nella quale ogni descrizione di esperienze è stata fin qui basata sull'ipotesi, implicita già nelle ordinarie convenzioni del linguaggio, che è possibile distinguere nettamente il comportamento degli oggetti dai mezzi di osservazione. Questa ipotesi non solo è giustificata dall'esperienza di ogni giorno, ma costituisce anzi l'intera base della fisica classica, che dalla teoria della relatività è stata portata a cosí magnifico compimento. Non appena, però, entrano in giuoco processi atomici individuali, che per la loro stessa natura sono essenzialmente determinati dall'interazione tra gli oggetti in questione e gli strumenti di misura, siamo costretti a chiederci che tipo di conoscenza siamo in grado di acquisire circa quegli oggetti. A questo riguardo dobbiamo da un lato osservare che lo scopo di ogni esperimento fisico – quello cioè di procurarci nuove informazioni in condizioni riproducibili e comunicabili – ci obbliga a usare concetti d'impiego quotidiano, tutt'al piú raffinati dalla terminologia della fisica classica, per la descrizione non solo della costruzione e dell'uso degli strumenti di misura, ma anche dei risultati sperimentali ottenuti. D'altra parte, non è meno importante comprendere che proprio questa circostanza implica che nessun risultato di esperienze riguardanti fenomeni che in linea di principio sono al di fuori dell'ambito della fisica classica, possa venir interpretato come un'informazione su proprietà indipendenti dell'oggetto, facendo esso parte intrinseca di un quadro in cui gli strumenti di misura interagenti col sistema stesso entrano in modo essenziale. Quest'ultima circostanza fornisce la spiegazione diretta delle evidenti contraddizioni che insorgono ogni volta che si tenta di riunire in un'unica coerente descrizione dell'oggetto i risultati ottenuti operando con dispositivi sperimentali diversi su un sistema atomico.

È però possibile riguardare l'informazione ottenuta circa il comportamento di un sistema atomico sotto certe condizioni sperimentali come *complementare*, secondo una terminologia spesso usata in fisica atomica, rispetto a ogni altra informazione sullo stesso sistema, ottenuta con un dispositivo escludente il verificarsi delle predette condizioni. Benché queste diverse informazioni non possano venire combinate in una sola descrizione per mezzo di concetti ordinari, esse costituiscono aspetti ugualmente essenziali della conoscenza che di quel sistema si può avere in questo campo. La scoperta di questo carattere complementare delle analogie meccaniche con cui si è cercato di visualizzare gli effetti individuali della radiazione, ha in effetti portato a un chiarimento assolutamente soddisfacente di quelle misteriose proprietà della luce cui alludevo piú sopra. Similmente, solo tenendo conto della relazione di complementarità esistente tra differenti esperienze riguardanti il comportamento di particelle atomiche, è stato possibile dare una spiegazione del notevole contrasto esistente tra le proprietà dei modelli meccanici ordinari e le peculiari leggi di stabilità governanti le strutture atomiche, che costituiscono la base per qualsivoglia interpretazione delle proprietà fisiche e chimiche specifiche della materia.

Naturalmente non è mia intenzione soffermarmi oltre, in questa sede, su questo punto; ma spero di avere reso sufficientemente chiaro che non siamo assolutamente di fronte a una rinuncia arbitraria a una piú dettagliata analisi della varietà sempre piú ricca di esperienze nel campo dell'atomo. Al contrario, siamo in presenza di uno sviluppo razionale della nostra capacità di classificare e comprendere nuove esperienze, le quali per il loro stesso carattere non rientrano nello schema della descrizione causale, che può rendere conto solo del comportamento di sistemi non perturbati dai mezzi di osservazione. Lungi dal contenere qualunque misticismo estraneo allo spirito della scienza, il punto di vista della complementarità costituisce in realtà una coerente generalizzazione dell'idea di causalità.

Per quanto inconsueto possa sembrare questo sviluppo della fisica, sono certo che molti avranno riconosciuto la stretta analogia esistente tra la situazione nell'analisi dei fenomeni atomici, quale l'ho descritta, e certi aspetti caratteristici del problema dell'osservazione nel campo della psicologia. Si può dire che la tendenza della psicologia moderna è caratterizzata dalla reazione ai tentativi di analizzare l'esperienza psichica secondo elementi associabili in modo analogo a quanto vien fatto coi risultati delle misure nella fisica classica. Nel corso dell'introspezione è chiaramente impossibile distinguere nettamente tra i fenomeni di per sé e la loro percezione cosciente, e benché sia lecito parlare talvolta di attenzione concentrata su qualche aspetto particolare di un'esperienza psichica, a un piú attento esame risulta che anche in quei casi si ha in realtà a che fare con situazioni mutuamente escludentisi. Tutti conosciamo la vecchia sentenza secondo la quale, se cerchiamo di analizzare le nostre emozioni, cessiamo di possederle; ed è in questo senso che tra le esperienze psichiche, cui noi associamo le parole "pensieri" e "sensazioni", riscontriamo una relazione di complementarità simile a quella esistente tra esperienze riguardanti il comportamento di atomi sotto differenti condizioni sperimentali, quando per la loro descrizione si faccia ricorso ad analogie derivate dai concetti ordinari. Con questo confronto non intendo, ovviamente, dimostrare l'esistenza di un rapporto piú stretto tra fisica atomica e psicologia, ma soltanto sottolineare un argomento epistemologico comune a entrambe queste scienze e cosí indicare quanto la soluzione dei problemi relativamente semplici della fisica possa giovare al chiarimento delle piú complesse questioni psicologiche che gli antropologi e gli etnologi incontrano nel corso delle loro ricerche.

Venendo ora piú presso all'argomento del nostro discorso, cioè ai riflessi del punto di vista sopraesposto sul problema del confronto di differenti culture umane, sottolineerò anzitutto la tipica relazione di complementarità esistente tra quei modi del comportamento degli esseri viventi che vanno sotto il nome di "istinto" e "ragione". È vero che termini di questo tipo vengono usati spesso con significati molto diversi: cosí, istinto può significare comportamento ereditario o forza motivante, e ragione può denotare senso piú profondo o argomentazione consapevole. Ciò che ci interessa è, tuttavia, solo il modo pratico in cui queste parole sono usate per distinguere le diverse situazioni in cui animali e uomini vengono a trovarsi. Ovviamente nessuno negherà la nostra appartenenza al mondo animale, e sarebbe anzi difficile trovare una definizione atta a caratterizzare l'uomo tra gli altri animali. Infatti le latenti possibilità di qualunque essere vivente non sono facilmente valutabili, e penso che nessuno di noi non sia rimasto qualche volta profondamente impressionato dal grado di ammaestramento cui possono venire portati taluni animali. Neppure rispetto alle possibilità di comunicazione tra un individuo e l'altro è possibile tracciare una netta separazione tra animale e uomo, anche se l'uso della parola ci pone a questo riguardo in una posizione essenzialmente diversa, non solo per lo scambio di esperienze pratiche, ma soprattutto per la possibilità di trasmettere ai figli, con l'educazione, le tradizioni riguardanti il costume e il pensiero che formano la base di ogni cultura umana.

Circa la contrapposizione di ragione e istinto è essenziale soprattutto rilevare che nessun vero pensiero è possibile senza l'uso di concetti espressi mediante qualche linguaggio, che ogni generazione deve apprendere di bel nuovo. Quest'uso di concetti, in effetti, non solo sopprime in larga misura la vita istintiva, ma è in ampia relazione di complementarità con la manifestazione degli istinti ereditari. La sorprendente superiorità degli animali inferiori rispetto all'uomo per ciò che riguarda le possibilità naturali di conservazione e procreazione, trova certamente sovente spiegazione nel fatto che in quegli animali non è possibile riscontrare un pensiero coerente, nel senso che noi attribuiamo a questa parola. Similmente la straordinaria capacità dei cosiddetti primitivi di orientarsi tra le foreste o nel deserto, capacità scomparsa evidentemente nelle società piú evolute, salvo ridestarsi occasionalmente in qualche individuo, potrebbe giustificare la conclusione che certi atti sono possibili solo se non si fa ricorso al pensiero concettuale, che d'altra parte si presta a ben piú svariati impieghi d'importanza primaria per lo sviluppo della civiltà. Proprio perché non ancora desto all'uso dei concetti, un bambino appena nato può solo con difficoltà venire riconosciuto per un essere umano; ma per la sua appartenenza alla specie umana possiede, benché piú inerme della maggior parte dei giovani animali, la capacità di assimilare con l'educazione una cultura, che lo abilita ad assumere il suo posto in una società umana.

Queste considerazioni ci portano direttamente a discutere se la diffusa credenza che ogni bambino nasce con la predisposizione ad adottare una specifica cultura umana sia ben fondata, o piuttosto non si debba ritenere che qualunque cultura possa venir innestata e svilupparsi su terreni fisici del tutto diversi. Con questo siamo venuti a toccare l'oggetto di ancora aperte controversie tra i genetisti, che conducono ricerche estremamente interessanti sull'ereditarietà dei caratteri fisici. In relazione con queste discussioni, tuttavia, dobbiamo soprattutto tenere ben presente il fatto che la distinzione tra i concetti di genotipo e di fenotipo, cosí feconda per la chiarificazione dei fenomeni ereditari nelle piante e negli animali, presuppone in modo essenziale un'influenza, anche se subordinata, delle condizioni biologiche esterne sulle proprietà caratteristiche delle specie. Nel caso dei caratteri culturali specifici delle società umane il problema è però rovesciato, nel senso che la base per la classificazione è ora il costume tradizionale plasmato dalle vicende storiche e dall'ambiente naturale di ciascuna società. Questo costume, e quanto esso corrispondentemente presuppone, va perciò analizzato nei particolari prima di poter valutare con qualche fondamento le possibili influenze delle differenze biologiche ereditarie sullo sviluppo e sulla conservazione delle culture in questione. In effetti, caratterizzando nazioni diverse o anche diverse famiglie nell'ambito di una stessa nazione, è possibile entro larghi limiti considerare i tratti biologici e le tradizioni spirituali reciprocamente indipendenti, e si sarebbe addirittura tentati di riservare per definizione l'aggettivo "umano" a quei caratteri che non sono direttamente legati all'ereditarietà corporea.

A prima vista potrebbe forse sembrare che il nostro atteggiamento si risolva nel porre un indebito accento su alcuni punti meramente dialettici. Ma la lezione che abbiamo appreso dall'intero sviluppo della fisica è che germi di fecondo sviluppo spesso stanno nella scelta opportuna di una definizione. Se pensiamo per esempio alla chiarificazione arrecata in svariati rami della scienza dalle argomentazioni della teoria della relatività, vediamo quanto progresso possa essere potenzialmente contenuto in certi perfezionamenti formali. Come ho già brevemente detto poco fa, il punto di vista della relatività può sicuramente giovare a determinare un atteggiamento piú obiettivo nei confronti dei rapporti tra culture umane, le cui differenti tradizioni ricordano per molti versi i vari ed equivalenti modi in cui una stessa esperienza fisica può venire descritta. Quest'analogia tra problemi fisici e umanistici è però di ampiezza limitata e la sua esagerazione ha anzi già portato talvolta a fraintendere l'essenza della teoria della relatività stessa. In effetti, l'unità della descrizione relativistica dell'universo implica precisamente la possibilità per ogni osservatore di predire entro il proprio schema concettuale come qualunque altro osservatore coordinerà le esperienze entro lo schema a lui naturale. Il maggiore ostacolo che si oppone a un atteggiamento obiettivo nei confronti dei rapporti tra diverse culture umane sta tuttavia nelle differenze profondamente radicate dei substrati tradizionali, sui quali si basa l'armonia culturale delle singole società e che rendono impossibile un semplice confronto di queste culture.

È soprattutto a questo riguardo che il punto di vista della complementarità si offre come il mezzo piú adatto per affrontare il problema. Infatti nello studio di culture umane differenti dalla nostra si ha a che fare con un particolare problema di osservazione, che a un esame piú attento mostra molti aspetti in comune coi problemi della fisica atomica e della psicologia, nei quali l'interazione tra oggetto e apparato di misura, o l'inseparabilità di contenuto oggettivo e soggetto osservante, esclude l'impiego immediato delle convenzioni applicabili alle esperienze della vita quotidiana. Particolarmente nello studio delle culture dei popoli primitivi, infatti, gli etnologi non solo sono ben consci del rischio di corruzione che il necessario contatto comporta per quelle culture, ma si trovano di fronte al problema delle reazioni di questi studi sul loro stesso comportamento umano. Sto alludendo per esempio alla prova cui gli inconsapevoli pregiudizi di un esploratore risultano sottoposti dal contatto con forme insospettate di armonia interiore, che la vita umana può presentare sotto condizioni e tradizioni radicalmente diverse. Come esempio particolarmente drastico posso ricordare che in certe società le parti rappresentate dall'uomo e dalla donna sono entro ampi limiti rovesciate, non solo per ciò che riguarda i compiti sociali e domestici, ma anche per il comportamento e la mentalità. Anche se la maggior parte di noi, di fronte a una simile situazione, potrebbe forse sulle prime rifuggire dall'ammettere la possibilità che sia interamente frutto di un capriccio del destino l'avere quel popolo la sua specifica cultura e noi la nostra, e non viceversa, è chiaro che anche il piú piccolo sospetto in questa direzione equivarrebbe a un tradimento di quello spirito di nazionalistica compiacenza che è presente in ogni cultura autonoma.

Ricorrendo al termine usato in fisica atomica per caratterizzare il rapporto intercorrente tra esperienze realizzate mediante differenti dispositivi sperimentali ed esprimibile solo in termini di concetti mutuamente escludentisi, possiamo dire che le diverse culture umane sono complementari le une rispetto alle altre. Infatti ognuna di queste culture rappresenta un bilancio armonico di convenzioni tradizionali per mezzo delle quali le potenzialità latenti della vita umana possono dispiegarsi e rivelarci nuovi aspetti della sua illimitata ricchezza e varietà. Naturalmente non si può trattare di relazioni assolutamente esclusive, come quelle relative a esperienze complementari sul comportamento di ben definiti sistemi atomici, poiché non credo esista alcuna cultura di cui si possa dire che è totalmente autonoma. Al contrario sappiamo da tanti esempi che contatti piú o meno intimi tra differenti società umane possono portare a una graduale fusione di tradizioni con formazione, come risultato, di una nuova cultura. L'importanza che il rimescolamento delle popolazioni determinato dalle emigrazioni e dalle conquiste ha avuto per il progredire della civiltà non richiede alcun commento. È forse il maggiore tra gli scopi degli studi umanistici quello di contribuire con una conoscenza sempre piú profonda della storia dello sviluppo culturale a quella graduale rimozione dei pregiudizi che è fine comune di tutte le scienze.

6.

Unità della conoscenza

1954

Prima di domandarci fino a qual punto sia possibile parlare di unità della conoscenza, converrà che precisiamo il significato del termine conoscenza. Non è mia intenzione addentrarmi in una discussione filosofica accademica, per la quale del resto non possederei la necessaria preparazione. Ogni scienza affronta però costantemente il problema della descrizione oggettiva dell'esperienza, problema che presuppone la possibilità di comunicare con mezzi non ambigui. Nostro mezzo fondamentale è ovviamente quel linguaggio semplice che serve per le necessità della vita pratica e dei rapporti sociali. Non ci interessano ora le origini di questo linguaggio, ma solo il suo impiego per la comunicazione dei dati scientifici e, in particolare, il problema della salvaguardia dell'obiettività ogni volta che le esperienze vanno oltre i semplici eventi della vita quotidiana.

Il punto che deve essere ben chiaro è che ogni conoscenza si presenta concepita entro uno schema atto a spiegare ogni precedente esperienza e che ogni schema concettuale può dimostrarsi troppo limitato per potervi includere nuove esperienze. La ricerca scientifica ha piú volte dimostrato in svariati campi della conoscenza la necessità di abbandonare o riformulare punti di vista ritenuti, per la loro fecondità e apparentemente illimitata applicabilità, base indispensabile di ogni interpretazione razionale. Benché questi sviluppi siano stati originati da studi particolari, essi racchiudono un insegnamento d'importanza generale per il problema dell'unità della conoscenza. In effetti l'ampliamento dello schema concettuale non solo è servito a ristabilire ordine nei singoli rami della conoscenza, ma ha anche rivelato l'esistenza di analogie fra le diverse posizioni assunte di fronte ai problemi dell'analisi e della sintesi dell'esperienza in domíni apparentemente distinti della conoscenza, indicando con questo la possibilità di una descrizione oggettiva di ampiezza sempre piú vasta.

Quando parliamo di schema concettuale, ci riferiamo semplicemente a una rappresentazione logica non ambigua delle relazioni tra esperienze. Quest'atteggiamento risulta evidente anche dallo sviluppo storico, in cui la logica formale non è piú nettamente distinta dagli studi di semantica, né da quelli di sintassi filologica. Una funzione particolare è svolta dalla matematica, che ha contribuito potentemente allo sviluppo del pensiero logico e che con le sue astrazioni ben definite offre un mezzo di valore incalcolabile per l'espressione armonica delle relazioni. Nella nostra discussione, però, non considereremo la matematica pura come un ramo separato della conoscenza, ma piuttosto come un raffinamento del linguaggio comune, che ne ricava i mezzi per formulare relazioni per le quali l'ordinaria espressione verbale risulterebbe imprecisa o eccessivamente ridondante. A questo riguardo desidero sottolineare che l'uso di simboli matematici, evitando quei riferimenti al soggetto cosciente che permeano il linguaggio quotidiano, assicura la non ambiguità delle definizioni richiesta da ogni descrizione oggettiva.

Lo sviluppo delle cosiddette scienze esatte, caratterizzate dalla ricerca di relazioni numeriche tra i dati delle misure, è stato in modo decisivo favorito dai metodi matematici astratti originati dalla ricerca di generalizzazioni delle costruzioni logiche. Questa situazione è illustrata particolarmente bene dalla fisica che, originariamente intesa come conoscenza della natura di cui siamo parte, gradualmente si è trasformata nello studio delle leggi elementari governanti le proprietà della materia inanimata. La necessità, anche nell'ambito di questo relativamente semplice argomento, di non perdere di vista il problema della descrizione oggettiva ha profondamente influenzato l'atteggiamento delle scuole filosofiche attraverso i secoli. Oggi, l'esplorazione di nuovi campi di esperienza ha rivelato l'esistenza d'insospettati presupposti alla base di un'applicazione non ambigua di alcuni dei nostri concetti piú elementari, offrendoci con questo una lezione epistemologica il cui significato va molto al di là del ristretto dominio delle scienze fisiche. Converrà perciò cominciare la nostra discussione con una breve storia di questo sviluppo.

Ci porterebbe troppo lontano richiamare nei particolari come si è giunti, attraverso l'eliminazione delle idee cosmologiche mitiche che prendevano ispirazione dagli scopi delle nostre proprie azioni, allo schema coerente della meccanica che, sulla base delle idee di Galileo, fu portato a compimento da Newton. I princípi della meccanica newtoniana, permettendo di ricavare dalla conoscenza dello stato di un sistema fisico definito a un dato istante per mezzo di quantità misurabili la conoscenza dello stato del sistema a un istante successivo qualunque, portarono a una chiarificazione del problema di causa ed effetto ricca di conseguenze. È noto come una descrizione deterministica o causale di questo tipo abbia portato alla concezione meccanicistica della natura e sia assurta a ideale di spiegazione scientifica in ogni dominio della conoscenza, indipendentemente dal modo con cui questa conoscenza fosse ottenuta. A questo riguardo riveste perciò notevole importanza il fatto che lo studio di nuovi campi della fisica ha rivelato la necessità di un esame piú approfondito del problema dell'osservazione.

Nell'ambito del suo campo di applicazione la meccanica classica fornisce una descrizione oggettiva, nel senso che fa ricorso a immagini e idee ben definite, relative a eventi della vita quotidiana. Tuttavia, per quanto razionali potessero sembrare le idealizzazioni della meccanica newtoniana, esse in realtà oltrepassavano di gran lunga il campo d'esperienza per il quale i nostri concetti elementari sono adeguati. Cosí l'uso corretto delle nozioni di spazio assoluto e di tempo assoluto è strettamente connesso con la propagazione praticamente istantanea della luce, che ci permette di localizzare i corpi circostanti in modo indipendente dalla loro velocità e di ordinare gli eventi in un'unica successione temporale. Il tentativo di sviluppare una descrizione coerente dei fenomeni elettromagnetici e ottici rivelò, tuttavia, che osservatori in moto l'uno rispetto all'altro con velocità molto elevate coordinano gli eventi in modo diverso. Non solo per questi osservatori i corpi rigidi possono presentarsi in posizioni e secondo forme differenti, ma eventi che si verificano in punti diversi e che appaiono come simultanei all'uno possono non apparire tali all'altro.

Lungi dall'ingenerare confusione o complicazione, lo studio della dipendenza della descrizione dei fenomeni dal punto di vista dell'osservatore si rivelò una guida d'incalcolabile valore nella deduzione delle leggi fisiche generali valide per ciascun osservatore. Conservando l'idea deterministica, ma giovandosi esclusivamente di relazioni tra risultati di misure non ambigue, relative in definitiva a coincidenze di eventi, Einstein riuscí a riformulare e generalizzare l'intero edificio della fisica classica, componendo un quadro dell'universo di un'unità insuperata. Nella teoria generale della relatività la descrizione è basata su una metrica spazio-temporale curva in quattro dimensioni, che rende automaticamente conto degli effetti gravitazionali, e sul ruolo singolare della velocità dei segnali luminosi, che rappresenta un limite superiore per ogni uso coerente del concetto fisico di velocità. L'introduzione di simili astrazioni, non familiari ma matematicamente ben definite, non comporta ambiguità di alcuna sorta, ma offre piuttosto un'istruttiva illustrazione di come un ampliamento dello schema concettuale permetta l'eliminazione di elementi soggettivi e l'arricchimento dell'orizzonte della descrizione oggettiva.

Nuovi, insospettati aspetti del problema dell'osservazione venivano rivelati dallo studio della costituzione atomica della materia. Com'è ben noto, l'idea della limitata divisibilità delle sostanze, introdotta per spiegare la persistenza delle loro proprietà caratteristiche nonostante la varietà dei fenomeni naturali, risale all'antichità. Eppure, fin quasi ai nostri giorni, essa è stata riguardata come essenzialmente ipotetica, nel senso che non la si riteneva suscettibile di una conferma diretta tramite l'osservazione a causa della grossolanità dei nostri organi di senso e dei nostri strumenti, essi stessi composti d'innumerevoli atomi. Ciononondimeno, coi grandi progressi fatti dalla chimica e dalla fisica negli ultimi secoli, le idee atomistiche si sono dimostrate sempre piú feconde. In particolare l'applicazione diretta della meccanica classica all'interazione degli atomi e delle molecole nel loro moto incessante ha portato a un'interpretazione generale dei princípi della termodinamica.

In questo secolo lo studio di nuove proprietà della materia, come la radioattività naturale, ha ulteriormente confermato le idee fondamentali della teoria atomica. In particolare, attraverso lo sviluppo di strumenti di amplificazione è risultato possibile studiare fenomeni dipendenti essenzialmente dai singoli atomi e ottenere anche un'estesa conoscenza della struttura dei sistemi atomici. Il primo passo fu l'individuazione dell'elettrone come costituente comune di tutte le sostanze, e un contributo essenziale alle nostre idee sulla costituzione dell'atomo fu la scoperta di Rutherford del nucleo atomico, il quale contiene entro un volume estremamente piccolo quasi tutta la massa dell'atomo. La persistenza delle proprietà degli elementi nei processi fisici e chimici ordinari è direttamente legata alla circostanza che in questi processi, anche se il legame degli elettroni può mutare notevolmente, il nucleo rimane inalterato. Con la sua dimostrazione della trasmutabilità dei nuclei atomici Rutherford apriva un campo del tutto nuovo di ricerca, spesso citato col nome di alchimia moderna, che com'è ben noto ha piú tardi permesso di liberare l'immensa energia contenuta nei nuclei stessi.

Benché molte proprietà fondamentali della materia risultassero interpretabili sulla base del semplice modello dell'atomo, apparve evidente fin dal principio che le idee classiche della meccanica e dell'elettromagnetismo non potevano rendere conto della stabilità delle strutture atomiche, che si manifesta attraverso le proprietà specifiche degli elementi. Un avvio al chiarimento di questo problema venne dato tuttavia dalla scoperta del quanto universale d'azione, alla quale Planck era stato condotto nei primi anni del secolo dalla sua penetrante analisi delle leggi della radiazione termica. Questa scoperta rivelava nei processi atomici un aspetto di unitarietà del tutto sconosciuto alla concezione meccanicistica della natura e rendeva evidente che le teorie fisiche classiche sono idealizzazioni valide solo per la descrizione di fenomeni nei quali intervengano azioni sufficientemente grandi per permettere di trascurare il quanto. Mentre questa condizione è ampiamente soddisfatta per i fenomeni ordinari, in quelli atomici s'incontrano regolarità di un tipo affatto nuovo che non ammettono una descrizione deterministica intuitiva.

Una generalizzazione razionale della fisica classica, che tenesse conto dell'esistenza del quanto e che preservasse a un tempo l'interpretazione non ambigua delle esperienze che servono a definire la massa inerziale e la carica elettrica dell'elettrone e del nucleo, si presentava allora come un compito molto arduo. Con gli sforzi concentrati di tutta una generazione di fisici teorici si è riusciti, però, a sviluppare gradualmente una descrizione coerente e, entro ampi limiti, esauriente dei fenomeni atomici. Questa descrizione si giova di un formalismo matematico nel quale le variabili delle teorie fisiche classiche sono sostituite da simboli soggetti a un algoritmo non commutativo involvente la costante di Planck. Proprio per il carattere di queste astrazioni matematiche, il formalismo non ammette interpretazioni intuitive di tipo consueto, ma mira direttamente a stabilire relazioni tra osservazioni fatte sotto ben determinate condizioni. Poiché in un dato esperimento possono verificarsi processi quantici individuali differenti, queste relazioni presentano un carattere intrinsecamente statistico.

Per mezzo del formalismo della meccanica quantistica è stato possibile dare una spiegazione particolareggiata di un'enorme quantità di dati sperimentali sulle proprietà fisiche e chimiche della materia. Inoltre, adattando il formalismo alle esigenze dell'invarianza relativistica, si è riusciti, entro ampi limiti, a ordinare le conoscenze in rapido aumento sulle proprietà delle particelle elementari e la costituzione dei nuclei atomici. Nonostante la straordinaria potenza della meccanica quantistica, la radicale divergenza dal consueto concetto d'interpretazione fisica, e in particolare la rinuncia all'idea del determinismo, ha fatto nascere nella mente di molti fisici e filosofi il dubbio se non si tratti di un espediente temporaneo invece che di una tappa irrevocabile nell'evoluzione della descrizione oggettiva. Il chiarimento di questo problema ha effettivamente richiesto una revisione radicale dei fondamenti di ogni descrizione e interpretazione dell'esperienza fisica.

A questo riguardo, dobbiamo anzitutto renderci conto del fatto che, anche quando i fenomeni trascendano il dominio delle teorie fisiche classiche, la descrizione dei dispositivi sperimentali e la registrazione dei dati richiedono l'uso del linguaggio comune, corredato s'intende dell'opportuna terminologia tecnica. È questa una necessità logica evidente, poiché la stessa parola "esperimento" si riferisce a una situazione in cui dobbiamo essere in grado di dire che cosa abbiamo fatto e che cosa abbiamo appreso. Tuttavia la differenza fondamentale, rispetto all'analisi dei fenomeni, tra fisica classica e fisica quantistica, è che nella prima l'interazione tra gli oggetti e gli apparati di misura può venire trascurata o eliminata, mentre nella seconda questa interazione è parte integrante del fenomeno. L'unità essenziale del fenomeno trova la sua espressione logica nella circostanza per cui ogni tentativo di farne un'analisi ben definita richiede una modificazione dell'apparato incompatibile col verificarsi del fenomeno stesso.

In particolare, l'impossibilità di un controllo separato dell'interazione tra i sistemi atomici in studio e gli apparati necessari alla definizione delle condizioni sperimentali, impedisce la combinazione senza restrizioni della coordinazione spazio-temporale e delle leggi dinamiche di conservazione, sulla quale è basata la descrizione deterministica in fisica classica. Infatti ogni uso non ambiguo dei concetti di spazio e di tempo fa riferimento a un apparato di misura, il cui impiego comporta un trasferimento di energia e di quantità di moto, incontrollabile in linea di principio, alle scale fisse e agli orologi sincronizzati richiesti per la definizione del sistema di riferimento. Viceversa la descrizione di fenomeni caratterizzati dalle leggi di conservazione della quantità di moto e dell'energia implica, in linea di principio, la rinuncia a un preciso coordinamento spaziotemporale. Queste circostanze trovano espressione quantitativa nelle relazioni d'indeterminazione di Heisenberg, che specificano l'ampiezza della precisione con cui possono venire fissate le variabili cinematiche e dinamiche nella definizione dello stato di un sistema fisico. In accordo col carattere del formalismo della meccanica quantistica queste relazioni non possono però venir interpretate in termini di attributi di modelli classici; si tratta bensí di condizioni di mutua esclusione, che rendono non ambiguo l'uso dei concetti di spazio e di tempo da una parte, e delle leggi dinamiche di conservazione dall'altra.

In questo contesto si parla talvolta di "perturbazione dei fenomeni a opera dell'osservazione" o di "creazione di attributi fisici dei sistemi atomici per mezzo delle operazioni di misura". Simili espressioni possono tuttavia ingenerare confusione, poiché parole come fenomeni e osservazioni, attributi e misure, sono usate qui in un modo incompatibile col linguaggio comune e le corrispondenti definizioni pratiche. Nell'ambito della descrizione oggettiva è infatti piú appropriato usare il termine fenomeno per far riferimento solo a osservazioni effettuate in circostanze la cui descrizione tiene conto anche dell'intera apparecchiatura sperimentale. Con questa terminologia, il problema osservazionale in fisica quantistica viene sfrondato da ogni complicazione e inoltre la nostra attenzione è costantemente richiamata sul fatto che ogni fenomeno atomico è chiuso, nel senso che l'osservazione è basata su registrazioni ottenute per mezzo di opportuni apparecchi di amplificazione a funzionamento irreversibile, come per esempio le tracce permanenti prodotte in lastre fotografiche dalla penetrazione di elettroni nell'emulsione. A questo riguardo è molto importante rendersi conto del fatto che il formalismo della meccanica quantistica ammette applicazioni ben definite solo a fenomeni chiusi di questo tipo. Anche da questo punto di vista esso costituisce una generalizzazione razionale della fisica classica, in cui ogni stadio di una successione di eventi viene descritto per mezzo di grandezze misurabili.

La libertà di sperimentazione, presupposta in fisica classica, continua naturalmente a sussistere e corrisponde alla libera scelta dei dispositivi sperimentali fra quelli per la cui descrizione la struttura matematica del formalismo quantistico è sufficientemente ampia. La circostanza per cui, in generale, uno stesso apparecchio sperimentale può fornire risposte differenti viene qualche volta pittorescamente descritta come una "scelta della natura" tra tante possibilità consimili. È inutile dire che espressioni di questo tipo non alludono ad alcuna personificazione della natura, ma solo all'impossibilità di determinare secondo i criteri consueti il corso di un fenomeno chiuso indivisibile. Qui il procedimento logico non può andare oltre la deduzione delle probabilità relative che singoli fenomeni si verifichino in condizioni sperimentali assegnate. Da questo punto di vista, la meccanica quantistica rappresenta una generalizzazione coerente della descrizione meccanica deterministica, che essa contiene come limite asintotico nel caso di quei fenomeni fisici che sono su una scala sufficientemente grande da permettere di trascurare il quanto d'azione.

Una delle caratteristiche piú notevoli della fisica atomica è il nuovo tipo di relazione intercorrente tra fenomeni osservati sotto condizioni sperimentali richiedenti per la loro descrizione concetti elementari diversi. Infatti, per quanto contrastanti queste esperienze possano apparire quando si cerchi di descrivere mediante concetti classici l'andamento dei processi atomici, esse vanno considerate come complementari, nel senso che rappresentano conoscenze ugualmente essenziali relative ai sistemi atomici e insieme esauriscono questa conoscenza. La nozione di complementarità non comporta alcuna rinuncia all'osservazione distaccata della natura; essa va anzi considerata come l'espressione logica della nostra posizione riguardo alla descrizione oggettiva in questo campo di esperienza. Il fatto che l'interazione tra gli strumenti di misura e il sistema fisico in studio sia parte integrante del fenomeno quantico, non solo ha rivelato una limitazione inattesa della concezione meccanicistica della natura, caratterizzata dall'attribuzione di proprietà autonome ai sistemi fisici, ma ci ha forzati a prestare la dovuta attenzione, nel predisporre le esperienze, alle condizioni di osservazione.

Ritornando alla dibattuta questione di che cosa si debba richiedere da un'interpretazione fisica, va tenuto presente che già la meccanica classica aveva rinunciato a individuare una causa per il moto uniforme, e inoltre che la teoria della relatività ci ha insegnato a trattare gli argomenti d'invarianza e di equivalenza come categorie razionali. Similmente, nella descrizione di tipo complementare della fisica quantistica, abbiamo a che fare con un'ulteriore coerente generalizzazione, che permette l'inclusione di regolarità essenziali ai fini dell'interpretazione delle proprietà della materia e che trascende i limiti della descrizione deterministica. La storia della fisica dimostra in tal modo come l'esplorazione di campi sempre piú vasti di esperienza, insieme a limitazioni insospettate nell'applicabilità delle idee consuete, riveli anche le vie per ristabilire l'ordine logico. Come ora vedremo, la lezione epistemologica contenuta nello sviluppo della fisica atomica ricorda situazioni analoghe presentatesi rispetto al problema dell'interpretazione delle esperienze in campi molto lontani dalla fisica, e faciliterà, attraverso l'individuazione delle caratteristiche comuni, la ricerca del significato dell'unità della conoscenza.

Il primo problema che s'incontra fuori del dominio della fisica vera e propria è la questione del posto occupato dagli organismi viventi nella descrizione dei fenomeni naturali. Originariamente non si faceva netta distinzione tra materia animata e materia inanimata, ed è ben noto che Aristotele, sottolineando l'unità degli organismi individuali, si opponeva alle idee degli atomisti e anzi nella discussione dei fondamenti della meccanica conservava idee come quelle di fine e di potenzialità. Tuttavia, in seguito alle grandi scoperte del Rinascimento nel campo dell'anatomia e della fisiologia e particolarmente con l'avvento della meccanica classica, nella cui descrizione deterministica ogni riferimento al finalismo è eliminato, si fece strada una concezione della natura completamente meccanicistica, e difatti un gran numero di funzioni organiche poterono venir interpretate sulla base di quelle proprietà fisiche e chimiche della materia che nelle idee atomiche trovavano la loro piú naturale spiegazione. È vero che la struttura e il funzionamento degli organismi presuppongono un ordinamento dei processi atomici che è talvolta sembrato difficile conciliare con le leggi della termodinamica, le quali comportano un progressivo avvicinamento a uno stato di completo disordine degli atomi costituenti un sistema fisico isolato. Se però si tiene sufficientemente conto della circostanza che l'energia libera necessaria alla conservazione e allo sviluppo dei sistemi organici è continuamente fornita dall'ambiente attraverso la respirazione e la nutrizione, appare chiaro che nessuna legge generale risulta violata.

Negli ultimi decenni notevoli progressi sono stati realizzati sulla via della conoscenza della struttura e del funzionamento degli organismi, e in particolare è risultato chiaro che le leggi quantistiche vi hanno, sotto molti aspetti, una parte fondamentale. Non solo queste leggi sono la ragione della particolare stabilità delle strutture molecolari altamente complesse che formano la parte essenziale delle cellule responsabili delle proprietà ereditarie delle specie, ma le ricerche fatte sulle mutazioni indotte dall'esposizione degli organismi all'azione delle radiazioni penetranti permettono una sorprendente verifica delle leggi statistiche della fisica quantistica. Inoltre si è visto che la sensibilità degli organi di senso, cosí importanti per gli organismi, raggiunge il livello dei processi quantici individuali e che i meccanismi di amplificazione hanno grande importanza specialmente nella trasmissione dei messaggi nervosi. L'intero sviluppo ha riportato in primo piano, benché in modo nuovo, il punto di vista meccanicistico nelle questioni biologiche, ma nello stesso tempo si è fatto acuto il problema se il confronto tra gli organismi da una parte e sistemi altamente complessi e delicati come certe costruzioni industriali moderne o le macchine calcolatrici elettroniche, dall'altra, costituisca la base adatta per una descrizione oggettiva di entità autoregolantisi quali sono appunto gli organismi viventi.

Ritornando alla lezione epistemologica generale che ci è venuta dalla fisica atomica, dobbiamo prima di tutto renderci conto del fatto che i processi chiusi studiati in fisica quantistica non sono direttamente analoghi alle funzioni biologiche, per il cui mantenimento sono indispensabili scambi continui di materia e di energia tra l'organismo e il suo ambiente. Inoltre ogni strumento che permettesse il controllo di queste funzioni con l'ampiezza richiesta dalla loro descrizione in termini fisici, renderebbe impossibile la vita stessa. Questa stessa circostanza, però, suggerisce un atteggiamento nei riguardi del problema della vita organica, che realizza un opportuno equilibrio tra il punto di vista meccanicistico e quello finalistico. Infatti, come il quanto d'azione interviene nella descrizione dei fenomeni atomici come un elemento che né richiede né ammette una spiegazione, cosí la nozione di vita è elementare per le scienze biologiche, nelle quali, indagando sull'esistenza e sull'evoluzione degli organismi viventi, abbiamo a che fare col manifestarsi di possibilità di quella natura cui anche noi apparteniamo, piuttosto che col risultato di esperimenti da noi stessi effettuati. Si deve infatti riconoscere che le condizioni per una descrizione oggettiva sono in generale soddisfatte, almeno in ragione del caratteristico modo complementare con cui sono usati praticamente nella ricerca biologica argomenti basati sui risultati della fisica e della chimica e concetti direttamente connessi con quell'integrità degli organismi che trascende l'ambito di queste scienze. Il punto capitale è che solo con la rinuncia a spiegare la vita nel senso ordinario della parola si acquista la possibilità di tener conto delle sue caratteristiche.

Ovviamente, in biologia come in fisica, conserviamo la nostra posizione di distaccati osservatori, e unica questione rimane quella delle differenti condizioni per la comprensione logica delle esperienze. Questo discorso riguarda anche lo studio del comportamento innato e condizionato degli animali e dell'uomo, al quale immediatamente si applicano i concetti della psicologia. Anche da un punto di vista strettamente "comportamentistico" non è possibile evitare questi concetti, e la stessa idea di autocoscienza si presenta naturalmente, quando ci troviamo di fronte a comportamenti di cosí alta complessità che la loro descrizione presuppone virtualmente la facoltà d'introspezione da parte dell'organismo. Abbiamo a che fare qui con applicazioni mutuamente esclusive delle parole istinto e ragione, illustrate dal grado in cui il comportamento istintivo è soppresso nella società umana. Benché nel tentativo di fissare lo stato della nostra psiche s'incontrino difficoltà considerevoli per quanto concerne il distacco dell'osservazione, è possibile salvaguardare entro ampi limiti i requisiti della descrizione oggettiva anche nell'ambito della psicologia umana. A questo riguardo è interessante notare che, mentre negli stadi iniziali della fisica ci si basava su quegli aspetti degli eventi della vita quotidiana che consentono una semplice descrizione causale, una descrizione essenzialmente complementare del contenuto della nostra psiche è stata usata fin dalle origini del linguaggio. Infatti la varia terminologia impiegata per questo tipo di comunicazione non sta á indicare un corso ininterrotto di eventi, ma piuttosto un insieme di esperienze mutuamente escludentisi, caratterizzate da separazioni differenti tra il contenuto su cui è localizzata l'attenzione e quello sfondo cui diamo il nome di Sé.

Un esempio particolarmente notevole è offerto dalla relazione tra le situazioni in cui ponderiamo i motivi delle nostre azioni e quelle in cui sperimentiamo un senso di volizione. Nella vita normale, questo spostamento della separazione è avvertito in modo piú o meno intuitivo, ma in psichiatria sono ben noti quei sintomi che possono condurre anche alla dissoluzione della personalità, caratterizzati come "scissione dell'Io". L'impiego di attributi contrastanti per indicare aspetti ugualmente importanti della psiche umana presenta una notevole analogia con la situazione in fisica atomica, dove per la definizione di fenomeni complementari vengono usati concetti elementari differenti. In particolare, la circostanza che il termine "cosciente" faccia riferimento a esperienze suscettibili di essere registrate dalla memoria suggerisce un confronto tra esperienze coscienti e osservazioni fisiche. In quest'analogia l'impossibilità di associare un contenuto non ambiguo all'idea d'inconscio corrisponde all'impossibilità di dare un'interpretazione intuitiva del formalismo della meccanica quantistica. Incidentalmente possiamo osservare che il trattamento psicoanalitico delle nevrosi ristabilisce un equilibrio nel contenuto della memoria del paziente arricchendo la coscienza di nuove esperienze, piuttosto che aiutandolo a scandagliare gli abissi del suo inconscio.

Da un punto di vista biologico possiamo interpretare le caratteristiche dei fenomeni psichici solo ammettendo che a ogni esperienza cosciente corrisponda un'impressione residua nell'organismo, cioè una registrazione irreversibile nel sistema nervoso del risultato di processi che non sono accessibili all'introspezione né, verosimilmente, suscettibili di definizione completa sulla base del solo meccanicismo. Certamente queste registrazioni, che richiedono l'intervento simultaneo di molte cellule nervose, sono essenzialmente diverse dalle strutture permanenti, esistenti nelle singole cellule degli organismi, connesse con la riproduzione genetica. Da un punto di vista finalistico, però, possiamo sottolineare da un lato l'utilità di registrazioni durevoli, per l'influenza che possono avere sulle nostre reazioni a stimoli ulteriori, e dall'altro l'importanza del fatto che le generazioni successive non risultino sovraccariche delle singole esperienze degli individui, ma possano contare sulla riproduzione di quelle sole proprietà dell'organismo che si sono rivelate utili per la formazione e l'utilizzazione della conoscenza. In ogni tentativo di approfondimento di questa indagine dobbiamo naturalmente essere preparati a incontrare difficoltà sempre piú grandi, ed è indicativo che i semplici concetti della fisica perdano la loro immediata applicabilità quanto piú ci si avvicina a quegli aspetti degli organismi viventi connessi con le caratteristiche della nostra psiche.

Per illustrare l'argomento possiamo in breve richiamare il vecchio problema del libero arbitrio. Da quanto è già stato detto risulta evidente che il termine volontà è indispensabile a una descrizione completa dei fenomeni psichici, ma il problema è di stabilire fino a che punto è possibile parlare di libertà di agire in rapporto alle nostre possibilità. Finché ci si attiene a rigidi princípi deterministici, l'idea di una simile libertà è evidentemente esclusa. Tuttavia la lezione generale della fisica atomica e, in particolare, la portata limitata della descrizione meccanicistica dei fenomeni biologici suggeriscono che la capacità dell'organismo di adattarsi all'ambiente include il potere di scegliere il modo piú adatto al raggiungimento di questo scopo. Poiché è impossibile giudicare della questione su una base puramente fisica, è della massima importanza riconoscere che l'esperienza psicologica può offrire informazioni piú pertinenti su questi problemi. Il punto decisivo è che, se tentiamo di predire che cosa un'altra persona deciderà di fare in una data situazione, non solo dobbiamo cercare di conoscere tutto di lui, compresa la storia della sua vita per ciò che può aver contribuito alla formazione del suo carattere, ma dobbiamo renderci conto che ciò cui noi tendiamo in fondo è di mettere noi stessi al suo posto. Naturalmente è impossibile dire se una persona vuole fare una cosa perché crede di potere, o se può perché lo vuole; ma non credo ci siano dubbi che ognuno di noi ha la sensazione di potere, per cosí dire, decidere per il meglio in ogni circostanza. Dal punto di vista della descrizione oggettiva non si può aggiungere o togliere nulla, e in questo senso possiamo, sia in senso pratico che logico, parlare di libertà di volere in termini che lascino adito a parole come responsabilità e speranza, che, come altre parole indispensabili al colloquio umano, non sono di per sé suscettibili di definizione separata.

Queste considerazioni ci riportano alle implicazioni epistemologiche della lezione che ci è derivata dagli sviluppi della fisica circa la nostra posizione di fronte al problema dell'osservazione. In cambio della nostra rinuncia a quanto solitamente si pretende dall'interpretazione di tipo classico, acquistiamo mezzi logici atti a comprendere campi piú vasti di esperienza, richiedenti un'attenzione particolare sulla scelta del punto di separazione tra oggetto e soggetto. Poiché nella letteratura filosofica si fa spesso riferimento a diversi gradi di oggettività o soggettività o anche di realtà, si osservi che la nozione di soggetto ultimo e concezioni come quelle del realismo e dell'idealismo non trovano posto nella descrizione oggettiva, quale noi l'abbiamo definita; ma questa circostanza ovviamente non implica alcuna limitazione per l'indagine che ci siamo prefissa.

Dopo aver parlato di alcuni dei problemi che nella scienza hanno qualche rapporto con l'unità della conoscenza, passerò all'ulteriore questione se vi sia una verità poetica o spirituale o culturale distinta dalla verità scientifica. Con tutta la riluttanza di uno scienziato a entrare in questo campo, farò alcuni commenti sull'argomento ispirandomi ai concetti precedentemente esposti. Affrontando la questione della relazione tra i nostri mezzi di espressione e il campo di esperienza in cui siamo interessati, ci troviamo di fronte al problema dei rapporti tra scienza e arte. Il senso di arricchimento che l'arte può donarci proviene dal suo potere di richiamare a noi armonie che sfuggono a ogni analisi sistematica. Si può dire che le arti letteraria, pittorica e musicale realizzino modi di espressione in cui la sempre piú estesa rinuncia al definito, caratteristico del pensiero scientifico, lascia alla fantasia il piú libero giuoco. In particolare, questo scopo è ottenuto nella poesia mediante la giustapposizione di parole che sono connesse a mutevoli situazioni osservazionali, e che in tal modo realizzano l'unità emotiva di aspetti molteplici della conoscenza umana.

Può essere utile osservare che anche al vertice del suo impegno, nonostante l'ispirazione richiesta da ogni lavoro artistico, l'artista poggia sulla base comune su cui tutti ci troviamo. In particolare, va riconosciuto che una parola come "improvvisazione", che si presenta spontaneamente quando si parla di opere d'arte, allude a un aspetto che è comune a ogni tipo di comunicazione. Non solo noi non sappiamo nel corso di una conversazione quali precise parole sceglieremo tra un momento per dire ciò che abbiamo in mente, ma anche scrivendo, quando cioè abbiamo la possibilità di riconsiderare ogni parola, l'introduzione o no di una modifica richiede alla fine una decisione che essenzialmente equivale a un'improvvisazione. Osserviamo di passaggio che nel giuoco di equilibrio tra serietà e ironia, caratteristico di ogni fatto d'arte, si presentano aspetti complementari, che è già possibile rilevare nei giuochi infantili e che non sono meno apprezzati nella vita matura. Infatti, se ci sforziamo di parlare sempre con molta serietà, corriamo il rischio di risultare ben presto ridicolmente noiosi a chi ci ascolta e a noi stessi; e se tentiamo di scherzare senza tregua, ci troviamo presto, e con noi chi ascolta, nel disperato stato d'animo del buffone nei drammi di Shakespeare.

In un confronto tra scienza e arte, non dobbiamo dimenticare evidentemente che nella prima abbiamo a che fare con sforzi concentrati e sistematici, tendenti ad accrescere l'esperienza e a sviluppare concetti adeguati alla sua comprensione, mediante un processo che ricorda l'adattamento delle singole pietre alla costruzione di una casa, mentre nella seconda siamo di fronte a tentativi individuali piú intuitivi di evocare sentimenti che richiamano a tutta la nostra condizione umana. Siamo giunti a un punto in cui la questione dell'unità della conoscenza contiene evidentemente delle ambiguità, come la stessa parola "verità". Infatti, trattando di valori spirituali e culturali, siamo rinviati a problemi epistemologici connessi col necessario equilibrio tra il nostro desiderio di una visione della vita, che ne abbracci tutti i vari aspetti, e la nostra possibilità di esprimerci in modo logicamente coerente.

A questo riguardo si differenziano sostanzialmente i punti di partenza della scienza, che mira allo sviluppo di metodi generali di ordinamento delle comuni esperienze umane, e delle religioni, che nascono dai tentativi di sviluppare armonia di pensiero e di azione nell'ambito delle comunità. Naturalmente, in ogni religione, tutta la conoscenza comune ai membri della comunità veniva inclusa nello schema generale, di cui i valori e gli ideali espressi dal culto e dalla tematica della fede sono il contenuto essenziale. Perciò il rapporto tra contenuto e schema poteva difficilmente imporsi all'attenzione prima dell'affermarsi del progresso scientifico e della sua lezione cosmologica ed epistemologica. La storia presenta diverse illustrazioni a questo riguardo, e in particolare possiamo ricordare lo scisma vero e proprio prodottosi tra scienza e religione al tempo del Rinascimento europeo in seguito allo sviluppo della concezione meccanicistica della natura. Da una parte, fenomeni fino a quel momento considerati come manifestazioni della divina provvidenza apparvero essere conseguenze d'immutabili leggi generali della natura. Dall'altra, i metodi e i punti di vista fisici erano molto lontani dal porre l'accento su quei valori umani e quegli ideali che sono essenziali alla religione. Prevaleva perciò, nelle scuole di filosofia empirica e critica, un atteggiamento di piú o meno vaga distinzione tra conoscenza oggettiva e credenze soggettive.

Sottolineando la necessità di prestare la dovuta attenzione al punto di separazione tra oggetto e soggetto allo scopo di rendere non ambiguo ogni tipo di comunicazione, lo sviluppo della scienza moderna ha però preparato una nuova base per l'uso di parole come conoscenza e credenza. Prima di tutto, il riconoscimento delle limitazioni implicite nella nozione di causalità ha fornito uno schema in cui l'idea di predestinazione universale è sostituita dal concetto di evoluzione naturale. Rispetto all'organizzazione delle società umane, possiamo sottolineare in particolare il fatto per cui la descrizione della posizione dell'individuo nell'ambito della sua comunità presenta aspetti tipicamente complementari, che sono connessi con la mobilità della linea di separazione tra l'apprezzamento dei valori e l'insieme di quelle idee e di quei princípi in base ai quali il giudizio su quei valori viene espresso. È ben vero che ogni società stabile esige dai membri un giuoco leale specificato in articoli di codice, ma nello stesso tempo una vita senza l'attaccamento alla famiglia e agli amici sarebbe evidentemente privata di alcuni dei suoi valori piú preziosi. Tuttavia, benché la piú stretta contemperanza di carità e di giustizia rappresenti un fine comune a tutte le culture, va riconosciuto che nelle occasioni in cui si deve fare appello alla rigida applicazione della legge non rimane posto per l'opera della carità e che, viceversa, benevolenza e compassione possono entrare in conflitto con ogni idea di giustizia. Questo fatto, che è in molte religioni miticamente illustrato dalla lotta tra le deità personificanti questi ideali, è sottolineato nella vecchia filosofia orientale dall'ammonizione, che va tenuta presente nel perseguimento dell'ideale di una vita armonica, secondo cui sulla scena dell'esistenza noi siamo sia attori che spettatori.

Quando si confrontano culture basate su tradizioni radicate nella storia dei popoli, s'incontrano le difficoltà che comporta ogni giudizio intorno alla cultura di una nazione sulla base delle tradizioni di un'altra. A questo proposito la relazione tra diverse culture nazionali è stata spesso definita come complementare, benché questo termine non vada qui inteso nel senso stretto con cui è usato in fisica atomica o nell'analisi psicologica, ove si ha a che fare con situazioni meglio definite. Infatti non solamente il contatto tra le nazioni ha spesso condotto alla fusione delle culture senza perdita di validi elementi tradizionali, ma la ricerca antropologica sta diventando una sorgente sempre piú importante d'informazione sui caratteri comuni ai diversi sviluppi culturali. In effetti il problema dell'unità della conoscenza può difficilmente venire separato dalla ricerca della comprensione universale come mezzo di elevazione della cultura umana.

Concludendo questo discorso, sento che dovrei scusarmi per aver trattato di argomenti cosí generali facendo riferimento quasi solamente a quel particolare campo della conoscenza rappresentato dalla fisica. Ho tuttavia tentato di tratteggiare un atteggiamento generale suggerito dalla lezione appresa negli ultimi anni in questo campo e che mi sembra di grande importanza per il problema dell'unità della conoscenza. Quest'atteggiamento può venire sintetizzato nella ricerca della comprensione armonica di aspetti sempre piú vasti della nostra condizione, attraverso il riconoscimento del fatto che nessuna esperienza è definibile senza uno schema logico e che ogni contraddizione può venire rimossa solo mediante un approfondito ampliamento dello schema concettuale.

7.
Atomi e conoscenza

1955

Nella storia della scienza, l'esplorazione del mondo dell'atomo compiuta in questo secolo non ha forse paralleli, né per quanto riguarda il progresso della conoscenza, né per il dominio sulla natura acquistato dall'uomo. A ogni ampliamento della conoscenza e della capacità corrispondono però maggiori responsabilità. La raccolta della messe e l'eliminazione di nuovi pericoli pongono la nostra civiltà di fronte a un grave problema, che solo la cooperazione di tutti i popoli, basata sulla mutua comprensione, può risolvere. In questa situazione è importante riconoscere che la scienza, che non conosce confini nazionali e le cui conquiste sono retaggio comune dell'umanità, ha nel corso dei secoli unito gli uomini nei loro sforzi di comprensione delle basi della conoscenza. Come cercherò di mostrare, lo studio dell'atomo, che ha portato a cosí lontane conseguenze e il cui progresso è stato il risultato della cooperazione universale, non solo ci ha permesso di penetrare un nuovo dominio di esperienze, ma ha gettato nuova luce sui problemi generali della conoscenza.

Può a prima vista sorprendere che la scienza atomica contenga per noi una lezione di carattere generale, ma non si deve dimenticare che in tutti gli stadi del suo sviluppo ha dovuto affrontare profondi problemi della conoscenza. Cosí, pensatori dell'antichità, postulando l'esistenza di un limite alla divisibilità delle sostanze, tentavano di trovare una base per la comprensione degli aspetti permanenti dei fenomeni naturali, in mezzo alla molteplicità e variabilità di questi. Benché l'idea dell'atomo abbia contribuito sempre piú fruttuosamente allo sviluppo della fisica e della chimica dopo il Rinascimento, essa è stata considerata un'ipotesi fino all'inizio di questo secolo. Si ammetteva come ovvio che i nostri organi di senso, essi stessi composti d'innumerevoli atomi, fossero troppo grossolani per poter osservare le particelle piú piccole della materia. La situazione cambiò sostanzialmente con le grandi scoperte fatte sul nascere del secolo, e, com'è noto, il progresso tecnico ha permesso di riconoscere gli effetti dei singoli atomi e di ricavare informazioni sulle particelle elementari che compongono gli atomi stessi.

Nonostante la profonda influenza esercitata dal vecchio atomismo sulla concezione meccanicistica della natura, era stato lo studio dei fatti astronomici e dei fenomeni fisici piú direttamente accessibili a condurre alla formulazione delle leggi della cosiddetta fisica classica. La massima galileiana, secondo la quale la descrizione dei fenomeni deve essere basata solo su quantità misurabili, rese possibile l'eliminazione delle concezioni animistiche, che per tanto tempo avevano ostacolato la formulazione razionale della meccanica. Coi princípi di Newton veniva fondata la descrizione deterministica che, dalla conoscenza dello stato di un sistema fisico a un dato istante, permette di predirne lo stato a ogni istante successivo. Sulla stessa linea risultava possibile l'interpretazione dei fenomeni elettromagnetici. Questo richiede però che la descrizione dello stato includa, oltre alla posizione e velocità dei corpi carichi e magnetizzati, l'intensità e direzione delle forze elettriche e magnetiche in ogni punto dello spazio a un dato istante.

Lo schema concettuale della fisica classica è stato ritenuto per molto tempo il mezzo adatto a descrivere correttamente tutti i fenomeni fisici, non esclusi quelli atomici. Naturalmente per sistemi complessi come i corpi ordinari non si può pensare a un'esauriente descrizione del loro stato. Senza abbandonare l'ideale deterministico, fu però possibile dedurre sulla base dei princípi della meccanica classica le leggi statistiche governanti molte proprietà dei corpi materiali. Pur ammettendo le leggi meccaniche del moto il perfetto rovesciamento del corso dei singoli processi, la spiegazione dell'irreversibilità caratteristica di certi fenomeni termici è stata trovata nell'equilibrio statistico dell'energia, risultante dall'interazione delle molecole. Questa notevole estensione dell'applicazione della meccanica mise in ancor maggiore evidenza la necessità della concezione atomica e offrí per la prima volta la possibilità di contare gli atomi.

La chiarificazione delle basi della termodinamica apriva però la via al riconoscimento di un carattere d'individualità dei processi atomici, che va ben oltre la vecchia dottrina della limitata divisibilità. Com'è ben noto, l'analisi accurata della radiazione termica divenne la pietra di paragone delle idee classiche. La scoperta delle onde elettromagnetiche aveva già fornito una base per la comprensione della propagazione della luce e di molte proprietà ottiche delle sostanze; ma i tentativi di spiegare l'equilibrio della radiazione incontravano difficoltà insormontabili. La circostanza per cui si aveva qui a che fare con argomenti basati su princípi generali e del tutto indipendenti da ipotesi di particolare natura sulla costituzione delle sostanze condusse Planck, nel primo anno di questo secolo, alla scoperta del quanto universale d'azione, risultando in tal modo chiaro che la descrizione classica è un'idealizzazione di applicabilità limitata. Nei fenomeni ordinari le azioni sono cosí grandi rispetto al quanto, che questo può venire trascurato. Nei processi quantici tipici si esplicano invece leggi che sono completamente estranee alla concezione meccanicistica e che sfuggono alla descrizione deterministica.

Dopo Planck, il compito dei fisici divenne quello d'introdurre il quanto d'azione in una generalizzazione razionale della descrizione classica, attraverso un'analisi approfondita dei presupposti su cui si basa l'applicazione dei nostri concetti piú elementari. Nel corso dello sviluppo della fisica quantistica abbiamo ripetutamente dovuto prendere atto delle difficoltà di orientamento che s'incontrano in un dominio di esperienza lontano da quello per cui i nostri mezzi di espressione sono stati sviluppati. Rapidi progressi sono stati possibili per l'ampia e intensa collaborazione dei fisici di molti paesi, i cui diversi modi di attaccare il problema hanno permesso di focalizzarlo meglio. In quest'occasione non mi è possibile discutere i singoli contributi, ma in preparazione alle considerazioni che seguiranno richiamerò brevemente i punti salienti dello sviluppo.

Mentre Planck si limitava prudentemente a considerazioni statistiche e sottolineava le difficoltà implicite in un abbandono delle basi classiche, Einstein coraggiosamente ammetteva la necessità d'introdurre il quanto d'azione nella descrizione del singolo fenomeno fisico. Nello stesso anno in cui completava il quadro armonico della fisica classica formulando la teoria della relatività, Einstein mostrava che l'effetto fotoelettrico richiede che la trasmissione di energia a ciascuno degli elettroni emessi corrisponda all'assorbimento di un quanto di radiazione. Poiché l'idea di onda è indipensabile per la propagazione della luce, non si poteva pensare di sostituirla semplicemente con quella di corpuscolo. La soluzione di questo peculiare dilemma doveva richiedere un'approfondita analisi della portata dei concetti intuitivi.

Com'è noto, il problema fu acuito dalla scoperta di Rutherford del nucleo atomico, che nonostante la sua piccolezza contiene quasi tutta la massa dell'atomo e la cui carica elettrica corrisponde al numero di elettroni dell'atomo neutro. Questo permise la costruzione di un semplice modello, cui si cercò di applicare le idee della meccanica e dell'elettromagnetismo. È però chiaro che, in base ai princípi classici, nessuna configurazione di particelle cariche potrebbe possedere la stabilità necessaria a spiegare le proprietà fisiche e chimiche degli atomi. In particolare, secondo l'elettromagnetismo classico, il movimento degli elettroni intorno al nucleo produrrebbe un irraggiamento continuo con conseguente rapida contrazione del sistema fino alla cattura degli elettroni da parte del nucleo e trasformazione di questo in una particella neutra di dimensioni infinitamente piú piccole rispetto a quelle che devono venire attribuite agli atomi. Nelle leggi empiriche degli spettri di righe degli elementi, fino a quel momento incomprensibili, fu però trovata una ragione dell'importanza rivestita dal quanto d'azione per la stabilità e l'irraggiamento dell'atomo.

Il punto di partenza fu il cosiddetto postulato dei quanti, secondo il quale ogni variazione dell'energia di un atomo è il risultato di una transizione tra due dei suoi stati stazionari. Postulando inoltre che tutte le reazioni radiative degli atomi comportino l'assorbimento o l'emissione di un solo quanto di luce, i valori dell'energia degli stati stazionari poterono venir dedotti dagli spettri. Risultò evidente che nessuna interpretazione dell'indivisibilità dei processi di transizione, né del loro verificarsi in determinate condizioni, poteva essere data nell'ambito della descrizione deterministica. È stato invece possibile per mezzo del cosiddetto principio di corrispondenza trarre informazioni sul legame degli elettroni, che hanno permesso di chiarire molte delle proprietà delle sostanze. Per confronto con l'evoluzione dei processi prevedibile su basi classiche, si cercarono indicazioni per una generalizzazione statistica della descrizione compatibile col postulato quantistico. Ma divenne sempre piú chiaro che per ottenere una descrizione coerente dei fenomeni atomici bisognava rinunciare ancora piú radicalmente all'uso d'immagini e che una riformulazione radicale dell'intera descrizione si rendeva necessaria per sviluppare tutte le implicazioni del quanto d'azione.

La soluzione, raggiunta con gli sforzi congiunti dei piú eminenti fisici teorici del nostro tempo, risultò sorprendentemente semplice. Com'era accaduto per la teoria della relatività, i mezzi adeguati furono trovati in astrazioni matematiche altamente sviluppate. Le grandezze che nella fisica classica descrivono lo stato del sistema sono sostituite nel formalismo della meccanica quantistica da operatori simbolici, le cui regole di commutazione contengono il quanto d'azione. Questo implica che a grandezze come le coordinate di posizione e le corrispondenti componenti della quantità di moto non possano venire contemporaneamente attribuiti valori definiti. In questo modo il carattere statistico del formalismo si manifesta come una generalizzazione naturale della descrizione classica. Inoltre questa generalizzazione è in grado di tener conto di quella limitazione d'individualizzazione delle particelle identiche, di cui, come del quanto stesso, non è possibile dare un'espressione in termini d'immagini fisiche ordinarie.

Coi metodi della meccanica quantistica è possibile spiegare moltissime delle proprietà fisiche e chimiche delle sostanze. Non solo è stato chiarito il legame degli elettroni negli atomi e nelle molecole, ma anche la costituzione dei nuclei e le reazioni nucleari sono stati compresi entro ampi limiti. A questo proposito ricorderò che le leggi probabilistiche del decadimento radioattivo spontaneo sono state incorporate nella descrizione statistica quantistica. Anche la comprensione delle nuove particelle elementari, osservate negli ultimi anni studiando le trasmutazioni nucleari ad alta energia, ha continuamente progredito mediante l'adattamento del formalismo ai requisiti d'invarianza della relatività. A questo riguardo sussistono però nuovi problemi, la cui soluzione richiede piú forti astrazioni che permettano di connettere il quanto d'azione con la carica elettrica elementare.

Nonostante la fecondità di risultati della meccanica quantistica, la rinuncia a requisiti abituali dell'interpretazione fisica ha fatto dubitare molti fisici e filosofi della completezza della descrizione data dei fenomeni atomici. In particolare è stato espresso il parere che la descrizione statistica debba venire considerata un espediente temporaneo, che in linea di principio andrebbe sostituito con una descrizione deterministica. La discussione di questo problema ha però portato a quella chiarificazione della nostra posizione di osservatori in fisica atomica, da cui ci è venuta quella lezione epistemologica cui alludevo all'inizio.

In quanto scopo della scienza è di aumentare e ordinare la nostra esperienza, ogni analisi delle condizioni della conoscenza umana deve basarsi sulla considerazione del carattere e dell'ampiezza dei nostri mezzi di comunicazione. La nostra base è ovviamente il linguaggio, necessario per l'inserimento dell'individuo nell'ambiente e per lo sviluppo delle comunità umane. L'ampliamento dell'esperienza ha però frequentemente fatto sorgere dubbi sull'adeguatezza dei concetti e delle idee contenute nel linguaggio quotidiano. Per la loro relativa semplicità, i problemi fisici sono particolarmente adatti allo studio dell'uso dei nostri mezzi di comunicazione. Infatti lo sviluppo della fisica atomica ci ha insegnato come si possa, senza abbandonare il linguaggio umano, creare uno schema sufficientemente ampio per descrivere esaurientemente nuove esperienze.

A questo riguardo è assolutamente necessario comprendere che nell'esame di ogni esperienza fisica si devono descrivere sia le condizioni sperimentali, sia i risultati dell'osservazione, mediante gli stessi mezzi di comunicazione che vengono usati nella fisica classica. Nell'analisi di singole particelle atomiche, questo è reso possibile da effetti irreversibili di amplificazione – come una macchia su una lastra fotografica lasciata da un elettrone, o una scarica elettrica prodotta in un contatore – e le osservazioni riguardano solo dove e quando la particella lascia la traccia o la sua energia all'ingresso nel contatore. Naturalmente, questa informazione presuppone la conoscenza della posizione della lastra rispetto alle altre parti del dispositivo, come diaframmi e fenditure, che provvedono alla coordinazione spazio-temporale, o dei corpi elettrizzati e magnetizzati che, agendo sulla particella, permettono di misurarne l'energia. Le condizioni sperimentali possono venir variate, ma il punto è che in ogni caso dobbiamo poter comunicare ad altri che cosa abbiamo fatto e che cosa abbiamo trovato, e che perciò il funzionamento degli strumenti deve venir descritto nell'ambito delle idee della fisica classica.

Poiché tutte le misurazioni interessano corpi sufficientemente pesanti da permettere d'ignorare il quanto nella loro descrizione, non c'è in fisica atomica, a stretto rigore, alcun problema osservazionale nuovo. L'amplificazione degli effetti atomici, che rende possibile la descrizione in termini di grandezze misurabili e che conferisce ai fenomeni il loro peculiare carattere chiuso, mette solo in evidenza la caratteristica irreversibilità di ogni concetto di osservazione. Mentre nell'ambito della fisica classica non c'è alcuna differenza di principio tra la descrizione degli strumenti di misura e gli oggetti in studio, la situazione è essenzialmente differente coi fenomeni quantici, poiché il quanto pone delle restrizioni alla descrizione dello stato dei sistemi in termini di coordinate spazio-temporali e di energia e quantità di moto. Poiché la descrizione deterministica della fisica classica riposa sull'ammissione della compatibilità senza restrizioni della coordinazione spazio-temporale e delle leggi dinamiche di conservazione, ci troviamo di fronte al problema se, coi sistemi atomici, questa descrizione possa essere conservata immutata.

Si è trovato che per la chiarificazione di questo punto fondamentale è particolarmente importante l'interazione tra l'oggetto e l'apparato di misura. Cosí, com'è stato sottolineato da Heisenberg, la localizzazione dell'oggetto in una regione spazio-temporale limitata comporta, secondo la meccanica quantistica, uno scambio di energia e di quantità di moto tra lo strumento e l'oggetto, che è tanto piú grande quanto piú piccola è la regione scelta. Era perciò della massima importanza sapere fino a che punto è possibile separare questa interazione nella descrizione dei fenomeni. La questione ha dato origine a molte discussioni e sono state fatte molte proposte tendenti al controllo completo di ogni interazione. In queste considerazioni, però, non si tiene sufficiente conto del fatto che la descrizione stessa del funzionamento degli apparati comporta che ogni interazione tra questi e i sistemi atomici sia, a causa del quanto d'azione, inseparabilmente connessa coi fenomeni. Infatti, ogni dispositivo che permetta di registrare una particella atomica in una regione spazio-temporale limitata richiede l'impiego di regoli di misura fissi e di orologi sincronizzati che, per loro stessa definizione, escludono il controllo dell'energia e della quantità di moto a essi trasferiti. Viceversa, ogni applicazione non ambigua delle leggi di conservazione richiede in linea di principio la rinuncia a una precisa coordinazione spazio-temporale. Questa reciproca esclusione delle condizioni sperimentali implica che tutto l'apparato di misura intervenga in una ben definita descrizione del fenomeno. L'indivisibilità dei fenomeni quantici trova espressione coerente nella circostanza che ogni pensabile suddivisione richiede una modificazione dell'apparato tale da determinare l'apparizione di nuovi fenomeni individuali. Cosí, la base stessa della descrizione deterministica scompare e il carattere statistico delle previsioni è messo in evidenza dal fatto che con uno stesso apparato si rivelano in generale differenti processi individuali.

Queste considerazioni non hanno solo chiarito il summenzionato dilemma relativo alla propagazione della luce, ma hanno anche risolto completamente i corrispondenti paradossi, cui porta la rappresentazione intuitiva del comportamento delle particelle materiali. Qui non si può ovviamente cercare un'interpretazione fisica nel senso usuale, ma tutto ciò che possiamo pretendere in un nuovo campo di esperienza è di eliminare ogni contraddizione. Per quanto contrastanti, le manifestazioni dei sistemi atomici sotto diverse condizioni sperimentali devono essere intese come complementari, nel senso che tutte sono perfettamente definite e che insieme esauriscono ogni possibile conoscenza relativamente agli oggetti in studio. Il formalismo quantistico, cui solo scopo è la comprensione delle osservazioni fatte sotto condizioni sperimentali descrivibili mediante semplici concetti fisici, fornisce appunto una descrizione complementare esauriente di un ampio dominio di esperienze. La rinuncia alla descrizione intuitiva riguarda solo lo stato degli oggetti atomici, mentre la scelta e la descrizione delle condizioni sperimentali non subiscono alcuna restrizione. Il formalismo nel suo insieme, che può venire applicato solo ai sistemi isolati, deve venir considerato sotto quest'aspetto una generalizzazione razionale della fisica classica.

In vista dell'influenza della concezione meccanicistica della natura sul pensiero filosofico, è comprensibile che si sia talvolta visto nella nozione di complementarità un riferimento alla soggettività dell'osservatore, incompatibile con l'obiettività della descrizione scientifica. Naturalmente in ogni campo dell'esperienza dobbiamo mantenere una netta distinzione tra osservatore e contenuto dell'osservazione, ma dobbiamo anche prendere atto del fatto che la scoperta del quanto d'azione ha gettato nuova luce sui fondamenti stessi della descrizione della natura e rivelato presupposti fin qui ignorati dell'impiego razionale dei concetti su cui riposa la comunicazione dei risultati dell'esperienza. Nella fisica quantistica, come si è visto, è indispensabile per la definizione dei fenomeni una descrizione del funzionamento degli strumenti, e si deve, per cosí dire, distinguere tra soggetto e oggetto in modo che in ogni singolo caso risulti assicurata l'applicazione non ambigua dei concetti fisici elementari impiegati nella descrizione. Lungi dal contenere qualunque misticismo estraneo allo spirito della scienza, la nozione di complementarità conduce alle condizioni logiche necessarie per la descrizione e comprensione dell'esperienza della fisica atomica.

La lezione epistemologica della fisica atomica ha naturalmente, come già era accaduto con precedenti progressi della fisica, dato origine a un riesame dell'uso dei mezzi di comunicazione impiegati per la descrizione oggettiva in altri campi della conoscenza. L'accento posto sui problemi osservazionali ha sollevato, non ultima, la questione della posizione degli organismi viventi nella descrizione della natura e della nostra stessa situazione di esseri pensanti e agenti. Pur essendo possibile, entro certi limiti, paragonare nell'ambito della fisica classica gli organismi a macchine, è chiaro che un simile confronto non tiene sufficiente conto di molte caratteristiche dei fenomeni biologici. L'inadeguatezza della concezione meccanicistica nei confronti della posizione dell'uomo è resa particolarmente evidente dalle difficoltà implicite nell'antica distinzione tra anima e corpo.

Questi problemi sono ovviamente connessi col fatto che la descrizione di molti aspetti dell'esistenza umana richiede una terminologia non immediatamente riconducibile a semplici immagini fisiche. Tuttavia l'aver riconosciuto i limiti dell'applicabilità di queste immagini ai fenomeni atomici fornisce un'indicazione sulla via da seguire per dare una descrizione oggettiva dei fenomeni biologici e psicologici. Come prima, è importante considerare la separazione tra l'osservatore e il contenuto della comunicazione. Mentre nella concezione meccanicistica della natura la separazione tra soggetto e oggetto era fissa, il riconoscimento del fatto che un uso non contraddittorio dei nostri concetti richiede, secondo i casi, una diversa situazione di questa separazione lascia adito a piú ampie possibilità di descrizione.

Senza mirare a una definizione esauriente della vita organica, si può dire che un organismo vivente è caratterizzato dalla sua individualità e adattabilità, il che implica che una descrizione delle funzioni interne di un organismo e delle sue reazioni agli stimoli esterni richiede spesso l'idea di scopo, che è estranea alla fisica e alla chimica. Benché i risultati della fisica atomica abbiano trovato applicazioni innumerevoli nella biofisica e nella biochimica, il fenomeno quantico individuale chiuso non presenta, com'è ovvio, alcun aspetto che suggerisca la nozione di vita. Come abbiamo visto, la descrizione dei fenomeni atomici, esauriente entro un ampio dominio di esperienze, è basata sul libero uso degli strumenti necessari a un'applicazione logica dei concetti elementari. In un organismo vivente, però, simile distinzione tra apparato e oggetto può difficilmente venir fatta e possiamo prevedere che ogni dispositivo, il cui scopo sia di descrivere il funzionamento dell'organismo nel senso della fisica atomica, risulterà incompatibile con lo svolgersi dei fenomeni vitali.

Nella ricerca biologica si fa spesso riferimento agli aspetti di unitarietà e alle reazioni finalistiche degli organismi insieme all'uso dei sempre piú ricchi dati sulla loro struttura e sui processi di autoregolazione, che hanno portato a considerevoli progressi anche nella medicina. Abbiamo qui a che fare con un metodo pratico d'indagine, in cui i mezzi di espressione usati per la descrizione dei vari aspetti fanno riferimento a condizioni di osservazione mutuamente escludentisi. A questo riguardo va osservato che gli atteggiamenti meccanicistico e finalistico non sono punti di vista contraddittori, ma piuttosto stanno in una relazione di complementarità che è connessa con la nostra posizione di osservatori. Per evitare ogni equivoco è però necessario notare che – in contrasto con l'interpretazione delle proprietà degli atomi – una descrizione della vita organica e una valutazione delle sue possibilità di sviluppo non può aspirare a completezza, ma solo a un sufficientemente ampio schema concettuale.

Nella descrizione di esperienze psichiche troviamo condizioni di osservazione e mezzi di espressione ancora piú lontani dalla terminologia fisica. Prescindendo dall'estensione con cui parole come istinto e ragione possono e devono venir usate nella descrizione del comportamento animale, il termine coscienza, applicato a sé e agli altri, è indispensabile per la descrizione della condizione umana. Mentre la terminologia applicabile all'ambiente e all'orientamento in esso può prendere le mosse da semplici immagini fisiche e da idee di causalità, la descrizione dei nostri stati mentali richiede modi di espressione complementari. Infatti l'uso di parole come pensiero e sentimento non fa riferimento a catene causali strettamente connesse, ma a esperienze che si escludono vicendevolmente a causa delle diverse separazioni tra contenuto cosciente e quello sfondo che genericamente denominiamo Sé.

La relazione tra l'esperienza di un senso di volizione e l'analisi consapevole dei motivi di un atto è particolarmente istruttiva. La necessità di simili contrastanti mezzi di espressione per descrivere la ricchezza della vita cosciente ci ricorda il modo con cui i concetti fisici elementari sono impiegati nella fisica atomica. Facendo questo confronto, si deve però osservare che l'esperienza psichica non può venire assoggettata a misurazioni fisiche e che il concetto stesso di volizione non rimanda ad alcuna generalizzazione di una descrizione deterministica, ma si riconnette senz'altro a caratteri elementari della vita umana. Senza entrare nell'antica discussione filosofica sul libero arbitrio, dirò solo che in una descrizione oggettiva della nostra condizione l'uso del termine volizione corrisponde a quello di termini come speranza e responsabilità, che sono ugualmente indispensabili alla comunicazione umana.

Con questo siamo pervenuti a toccare problemi che investono l'umanità e in cui la varietà dei mezzi di espressione proviene dall'impossibilità di caratterizzare mediante precise distinzioni la parte dell'individuo nella società. Il fatto che le culture umane, sviluppate sotto diverse condizioni di vita, manifestino contrasti notevoli di tradizioni e strutture, permette in un certo senso di chiamarle complementari. Non abbiamo però a che fare in questo caso con aspetti definiti e mutuamente escludentisi come quelli incontrati nella descrizione oggettiva dei problemi della fisica e della psicologia, ma con disparità di atteggiamento che possono venire apprezzate o corrette mediante ampi scambi tra i popoli. Oggi, mentre l'ampliamento della conoscenza e delle capacità tecniche lega sempre piú i popoli a un unico destino, la collaborazione scientifica universale ha compiti notevolissimi, che possono venire facilitati dalla conoscenza delle condizioni generali che stanno alla base dell'umano sapere.

8.

La fisica e il problema della vita

1957

Quanto l'esperienza fisica può esserci di aiuto nella spiegazione della ricchezza e varietà delle manifestazioni della vita organica? Come cercherò di mostrare, lo sviluppo della fisica negli ultimi decenni e in particolare quanto abbiamo appreso circa la nostra posizione di osservatori in quella natura di cui siamo parte dallo studio del mondo degli atomi ha determinato un nuovo atteggiamento nei confronti di questo problema.

Anche nelle scuole filosofiche dell'antica Grecia troviamo opinioni divergenti circa i mezzi concettuali atti a rendere conto delle notevoli differenze esistenti tra gli esseri viventi e gli altri corpi materiali. Com'è ben noto, gli atomisti ritenevano che la limitata divisibilità della materia fosse necessaria alla spiegazione non solo dei semplici fenomeni fisici, ma anche del funzionamento degli organismi e delle esperienze psichiche. Aristotele, d'altro canto, rifiutava le concezioni atomistiche e, in vista dell'individualità degli organismi viventi, sosteneva la necessità d'introdurre nella descrizione della natura concetti come perfezione e finalità.

Per almeno duemila anni la situazione è rimasta immutata, e solo il Rinascimento con le grandi scoperte della fisica e della biologia aprí un nuovo periodo. Il progresso in fisica era soprattutto costituito dalla liberazione dall'idea aristotelica delle forze come causa di ogni movimento. La scoperta di Galileo, secondo la quale il moto uniforme è una manifestazione dell'inerzia, e il riconoscimento delle forze, come cause delle variazioni di moto, divennero le basi della meccanica, cui Newton diede la forma definita e completa che le generazioni successive hanno ammirato. Nella cosiddetta meccanica classica ogni idea di finalità è eliminata, in quanto l'evoluzione degli eventi viene descritta come conseguenza automatica di assegnate condizioni iniziali.

Il progresso della meccanica non poteva non influenzare tutta la scienza contemporanea. In particolare gli studi anatomici di Vesalio e la scoperta di Harvey della circolazione del sangue suggerivano il confronto tra gli organismi viventi e le macchine funzionanti secondo le leggi della meccanica. Sul piano filosofico fu Cartesio a sottolineare la somiglianza tra animali e automi, attribuendo però agli uomini un'anima capace d'interagire col corpo in certe ghiandole situate nel cervello. L'insufficienza della conoscenza di quel tempo circa questi problemi fu però messa in rilievo da Stenone nella sua famosa lezione di Parigi sull'anatomia del cervello, che testimonia l'acume di osservatore e l'apertura mentale di questo scienziato.

I successivi sviluppi della biologia, specialmente dopo l'invenzione del microscopio, rivelarono un'insospettata finezza nelle strutture organiche e nei processi di regolazione. Mentre le idee meccanicistiche trovavano sempre piú vasta applicazione, le concezioni vitalistiche o finalistiche, che traevano ispirazione dalla capacità di adattamento e di rigenerazione degli organismi, tornavano di tanto in tanto alla ribalta. Senza ritornare all'idea primitiva delle forze vitali agenti negli organismi, queste concezioni insistevano sull'insufficienza del punto di vista fisico per la descrizione dei fenomeni vitali. Un esame della situazione all'inizio del secolo è contenuto nel seguente brano, tratto dall'introduzione del lavoro *Sulla dilatazione patologica del polmone*, pubblicato da mio padre, il fisiologo Christian Bohr, nel 1910 nelle memorie celebrative dell'Università di Copenaghen.

"Scopo specifico della fisiologia, in quanto ramo particolare delle scienze naturali, è di studiare i fenomeni tipici dell'organismo, inteso come oggetto empirico, al fine di comprendere il giuoco delle varie parti nell'autoregolazione e adattamento alle variazioni dei processi interni e delle influenze esterne. È perciò consono a questo scopo usare il termine 'fine' in riferimento alla conservazione dell'organismo e considerare come finalistici i meccanismi di regolazione che presiedono a questa conservazione. Solo in questo senso useremo nel seguito il concetto di 'finalità' circa le funzioni organiche. Perché l'applicazione di questo concetto non risulti nei singoli casi vuota o possa indurre in equivoco, si deve però richiedere che venga sempre preceduta da un esame del fenomeno in questione, che illustri passo passo il modo in cui esso contribuisce alla conservazione dell'organismo. Benché questa condizione, che richiede solamente la dimostrazione scientifica del fatto che la nozione di finalità è usata in accordo con la sua definizione, possa sembrare di per sé evidente, non è forse inutile sottolinearla. Infatti l'indagine fisiologica ha messo in luce regolazioni della massima delicatezza e in cosí grande quantità, che si può essere tentati di definire come finalistica ogni manifestazione vitale senza procedere a un esame sperimentale del suo preciso funzionamento. Per mezzo di analogie che si presentano quasi spontaneamente, è molto facile interpretare finalisticamente questo funzionamento da punti di vista molto soggettivi. È evidente che spesso, date le nostre limitate conoscenze circa gli organismi, questi giudizi personali possono essere errati. In questi casi la causa dell'errore è l'insufficiente conoscenza sperimentale del processo nei suoi particolari. L'ipotesi *a priori* del finalismo dei processi organici è però in sé naturale come principio euristico e può dimostrarsi, data l'estrema complessità delle condizioni della vita organica, non solamente utile, ma addirittura indispensabile per la formulazione del problema e la ricerca della sua soluzione. Ma una cosa è ciò che può venire usato per un'indagine preliminare e un'altra ciò che può venir considerato un risultato effettivamente acquisito. Circa il problema del finalismo di una data funzione nell'economia dell'intero organismo, un simile risultato può, come si è detto piú sopra, venire assicurato solo da una particolareggiata dimostrazione del modo in cui il fine si realizza".

Ho citato queste osservazioni, che esprimono l'atteggiamento del circolo in cui sono cresciuto e alle cui discussioni ho assistito in gioventú, in quanto esse offrono un punto di partenza adeguato per l'esame della posizione degli organismi viventi nella descrizione della natura. Come cercherò di mostrare, il moderno sviluppo della fisica atomica, approfondendo la nostra conoscenza dell'atomo, ha rivelato le limitazioni essenziali della cosiddetta concezione meccanicistica della natura e dato una base nuova al problema di che cosa si debba intendere per spiegazione scientifica.

Per esporre nel modo piú chiaro possibile la situazione della fisica, comincerò richiamando l'atteggiamento estremista espresso dalla concezione di Laplace dell'universo-macchina. Tutte le interazioni tra le parti di questa macchina sono governate dalle leggi della meccanica, e perciò una mente che conoscesse tutte le posizioni relative e le velocità a un dato istante potrebbe predire tutti gli eventi successivi dell'universo, ivi compreso il comportamento degli esseri animati. In questa concezione, che com'è noto ha avuto una parte importante anche nelle discussioni filosofiche, non viene prestata la dovuta attenzione alle condizioni per l'applicabilità dei concetti impiegati nella comunicazione delle esperienze.

A questo riguardo lo sviluppo posteriore della fisica ci ha costretti a un profondo riesame. Già l'interpretazione dei fenomeni termici in base al moto incessante delle molecole aveva richiamato l'attenzione sull'importanza delle condizioni di osservazione per la descrizione dell'esperienza. Naturalmente non si può pensare alla descrizione dettagliata dei moti delle innumerevoli particelle, ma solo alla deduzione di leggi statistiche da princípi meccanici molto generali. Il peculiare contrasto tra la reversibilità dei processi meccanici e l'irreversibilità tipica di molti fenomeni termodinamici fu cosí chiarito osservando che le applicazioni di concetti come entropia e temperatura si riferiscono a condizioni sperimentali incompatibili col controllo completo dei moti delle singole molecole.

Nella conservazione e nell'accrescimento degli organismi viventi si è spesso voluto vedere una contraddizione con la tendenza, prevista dalle leggi della termodinamica, dei sistemi fisici isolati all'equilibrio termico ed energetico. Si deve però ricordare che agli organismi viene continuamente fornita energia libera dalla nutrizione e dalla respirazione e che le piú accurate indagini fisiologiche non hanno mai rilevato alcuna violazione dei princípi della termodinamica. Tuttavia il riconoscimento di queste analogie tra gli organismi e le comuni macchine termiche non basta ovviamente per dare una risposta al problema della posizione degli organismi nella descrizione della natura, che evidentemente richiede un'analisi piú approfondita del problema dell'osservazione.

Questo problema è stato portato in primo piano in modo inaspettato dalla scoperta del quanto universale d'azione, il quale esprime un carattere di unitarietà dei processi atomici, che impedisce di distinguere tra osservazioni dei fenomeni e comportamento indipendente degli oggetti, come fa invece la concezione meccanicistica della natura. Coi sistemi fisici macroscopici la rappresentazione degli eventi come successione di stati descritti in termini di grandezze misurabili riposa sulla circostanza che tutte le azioni sono abbastanza grandi da permettere di trascurare l'interazione tra gli oggetti e i corpi usati come strumenti di misura. In condizioni nelle quali il quanto abbia un'importanza decisiva e quell'interazione sia perciò parte essenziale del fenomeno, non è possibile dare una descrizione meccanica altrettanto ben definita.

Il fallimento delle descrizioni di tipo ordinario è espresso con particolare evidenza dalle difficoltà che s'incontrano quando si vuole parlare delle proprietà dei sistemi atomici indipendentemente dalle condizioni di osservazione. Infatti, un elettrone può dirsi una particella materiale carica, in quanto le misurazioni della sua massa inerziale dànno sempre lo stesso risultato, e ogni trasferimento di elettricità tra sistemi atomici interessa sempre un numero intero di cariche unitarie. Gli effetti interferenziali osservati quando gli elettroni attraversano un cristallo sono però incompatibili con l'idea meccanica del moto di una particella. Analoghe difficoltà s'incontrano con la natura della luce, in quanto i fenomeni ottici richiedono la nozione di propagazione ondosa, mentre il trasferimento di energia e quantità di moto nell'effetto fotoelettrico obbedisce alle leggi meccaniche valide per le particelle.

La situazione, nuova per la fisica, ha imposto un riesame dei presupposti che sono alla base dei concetti piú comuni. Naturalmente nella fisica atomica rimane intera la libertà d'interrogare la natura per mezzo di esperimenti, ma dobbiamo porre attenzione al fatto che le condizioni sperimentali, pur variando, sono sempre definite facendo ricorso a corpi pesanti per la cui descrizione è possibile trascurare il quanto. L'informazione relativa ai sistemi atomici consiste solo nelle tracce che questi lasciano sugli strumenti, come per esempio una macchia lasciata da un elettrone su una lastra fotografica. La circostanza che fa di queste tracce degli effetti irreversibili di amplificazione conferisce ai fenomeni un carattere di peculiare compiutezza in cui si manifesta l'irreversibilità essenziale di ogni osservazione.

Tipico della fisica quantistica è però soprattutto il fatto che l'informazione relativa ai sistemi atomici non può venire interpretata lungo le linee caratteristiche della concezione meccanicistica. Già il fatto che con uno stesso dispositivo sperimentale possano in generale manifestarsi differenti processi quantici individuali comporta una limitazione essenziale per la descrizione deterministica. Le condizioni d'illimitata divisibilità su cui poggia la descrizione classica è chiaramente incompatibile anche col carattere di unitarietà dei fenomeni quantici, il quale comporta che ogni ulteriore analisi richieda una modifica dell'apparato sperimentale tale da originare nuovi effetti individuali.

Per caratterizzare la relazione tra i fenomeni osservati sotto condizioni sperimentali differenti, è stato introdotto il termine di complementarità, che sottolinea il fatto che quei fenomeni esauriscono insieme tutta l'informazione possibile sul sistema. Lungi dal contenere una rinuncia arbitraria a consuete interpretazioni fisiche, la nozione di complementarità fa riferimento diretto alla nostra posizione di osservatori in un dominio di esperienza in cui l'applicazione non ambigua dei concetti usati nella descrizione dei fenomeni dipende in modo essenziale dalle condizioni di osservazione. Mediante una generalizzazione matematica dello schema della fisica classica è stato possibile sviluppare un formalismo che ammette un logico inserimento del quanto d'azione. La meccanica quantistica mira direttamente a stabilire leggi statistiche valide per i dati ottenuti in ben determinate condizioni di osservazione. La completezza di questa descrizione è dovuta alla conservazione dei concetti della meccanica classica entro limiti che contengono ogni pensabile variazione delle condizioni sperimentali di osservazione.

Il carattere complementare della descrizione quantistica è chiaramente evidente nella discussione della costituzione e delle reazioni dei sistemi atomici. Per esempio, le regolarità degli stati stazionari degli atomi e delle molecole, responsabili degli spettri caratteristici degli elementi e delle valenze chimiche, compaiono solo in circostanze in cui si rinuncia a controllare le posizioni degli elettroni all'interno degli atomi e delle molecole. È interessante notare che l'applicazione delle formule strutturali nella chimica è possibile solo in quanto i nuclei atomici sono molto piú pesanti degli elettroni. Ma per quanto riguarda la stabilità e le trasmutazioni dei nuclei stessi gli aspetti quantici sono ancora una volta decisivi. Solo mediante una descrizione complementare che superi la concezione meccanicistica della natura è possibile spiegare le regolarità responsabili delle proprietà delle sostanze di cui sono composti i nostri corpi e i nostri strumenti.

Il progresso della fisica atomica ha avuto, com'è noto, ampie ripercussioni sulle scienze biologiche. In particolare ricorderò che è stata interpretata la peculiare stabilità delle strutture chimiche delle cellule responsabili delle proprietà ereditarie delle specie e sono state scoperte le leggi statistiche governanti le mutazioni prodotte dall'esposizione degli organismi a particolari agenti esterni. Inoltre effetti di amplificazione simili a quelli che permettono di osservare singole particelle atomiche hanno una parte decisiva in molte funzioni organiche. Cosí risulta particolarmente evidente il carattere d'irreversibilità di certi fenomeni biologici tipici, e la direzione del tempo nella descrizione del funzionamento degli organismi è sottolineata dall'utilizzazione che essi fanno della passata esperienza nelle reazioni a nuovi stimoli.

In questo promettente sviluppo abbiamo a che fare con un'applicazione praticamente illimitata di concetti fisici e chimici ai problemi biologici e, in quanto la meccanica quantistica è una generalizzazione razionale della fisica classica, l'intero atteggiamento può essere chiamato meccanicistico. Il problema è però di stabilire in che senso questo progresso ha rimosso le ragioni per fare uso di argomenti finalistici in biologia. Dobbiamo renderci conto del fatto che la descrizione e comprensione dei fenomeni quantici chiusi non presentano aspetti indicanti che un sistema di atomi può adeguarsi all'ambiente circostante nel modo che riscontriamo nella conservazione ed evoluzione degli organismi viventi. Inoltre va sottolineato che una descrizione completa nel senso della fisica quantistica di tutti gli atomi incessantemente scambiati nell'organismo non solo non è possibile, ma richiederebbe ovviamente condizioni di osservazione incompatibili col mantenimento in vita dell'organismo.

Tuttavia, la parte che i mezzi d'osservazione rappresentano nella definizione dei concetti fisici elementari offre un'indicazione circa il modo di applicare razionalmente nozioni come quella di finalità, che è estranea alla fisica ma si presenta spontaneamente nella descrizione dei fenomeni organici. Infatti su questa base è evidente che gli atteggiamenti denominati meccanicistico e finalistico non rappresentano punti di vista contraddittori circa i problemi biologici, ma piuttosto sottolineano il carattere di reciproca esclusione di condizioni di osservazione ugualmente indispensabili alla ricerca di una sempre piú ricca descrizione della vita. Non si tratta qui evidentemente di un'interpretazione simile a quella che la fisica classica dà del funzionamento di semplici costruzioni meccaniche o di complicate calcolatrici elettroniche, ma piuttosto di un proseguimento di quell'analisi dei presupposti e delle possibilità di applicazione dei nostri mezzi concettuali di comunicazione, che rappresenta l'aspetto caratteristico del nuovo sviluppo della fisica.

Prescindendo dalle differenze dovute alle diverse condizioni di osservazione, la comunicazione di esperienze biologiche non contiene piú riferimenti al soggetto osservatore di quanto non accada nella descrizione delle esperienze fisiche. Fino a questo punto non abbiamo avuto bisogno di esaminare piú da vicino le condizioni di osservazione caratteristiche dei fenomeni psichici, per i quali non possiamo basarci sullo schema concettuale sviluppato per studiare la natura inanimata. Tuttavia il fatto che l'esperienza cosciente può essere ricordata e deve perciò essere connessa con modificazioni permanenti nella costituzione dell'organismo porta a stabilire un confronto tra le esperienze psichiche e le osservazioni fisiche. Anche nelle relazioni tra diverse esperienze coscienti troviamo aspetti che ci ricordano le condizioni d'interpretazione dei fenomeni atomici. Il ricco vocabolario usato nella comunicazione dei nostri stati mentali è connesso infatti a un tipico modo complementare di descrizione richiesto dal continuo trasformarsi dell'oggetto su cui è focalizzata l'attenzione.

L'integrità dell'organismo e l'unità della personalità impongono una generalizzazione dello schema d'impiego razionale dei nostri mezzi di comunicazione ancora piú radicale di quella richiesta dall'individualità dei fenomeni atomici. A questo riguardo va sottolineato che la distinzione tra soggetto e oggetto, necessaria in ogni descrizione non ambigua, è mantenuta, nel senso che in ogni comunicazione contenente un riferimento a noi stessi introduciamo, per cosí dire, un nuovo soggetto che non compare come parte del contenuto della comunicazione. Non è il caso d'insistere sul fatto che è proprio questa libertà di scelta nella distinzione soggetto-oggetto a lasciare adito alla varietà dei fenomeni coscienti e alla ricchezza di motivi della vita umana.

9.
Fisica quantistica e filosofia; causalità e complementarità

1958

L'importanza che la fisica riveste per la filosofia non si fonda solo sulla conoscenza sempre piú vasta della materia inanimata cui conduce, ma soprattutto sulle occasioni che offre di saggiare le basi e la portata di alcuni dei nostri concetti piú elementari. A parte il raffinamento della terminologia derivante dall'accumularsi di dati sperimentali e dagli sviluppi delle concezioni teoriche, la descrizione di ogni esperienza fisica si basa in ultima analisi, com'è ovvio, sul linguaggio comune, adattato all'orientamento nel nostro ambiente e al riconoscimento delle connessioni di causa ed effetto. In effetti, il programma di Galileo – di basare la descrizione dei fenomeni fisici sulle grandezze misurabili – ha fornito un solido fondamento all'ordinamento di un campo di esperienze sempre piú vasto.

Con la meccanica newtoniana, ove lo stato di un sistema di corpi materiali è definito dalle posizioni e velocità istantanee di questi, risultò possibile, mediante ben note, semplici equazioni, ricavare, dalla conoscenza dello stato del sistema a un dato istante e delle forze agenti sui corpi, lo stato del sistema a qualunque altro tempo. Si trovò poi che una descrizione di questo tipo, che evidentemente rappresenta una forma ideale di connessione causale, sintetizzabile nella nozione di *determinismo*, ha una validità anche piú ampia.

Cosí, nell'interpretazione dei fenomeni elettromagnetici nei quali si osserva una propagazione di forze con velocità finita, una descrizione deterministica può venir data includendo nella definizione dello stato non solo le posizioni e le velocità dei corpi carichi a un dato istante, ma anche la direzione e l'intensità delle forze elettriche e magnetiche in ogni punto dello spazio a quell'istante.

La situazione a questo riguardo rimase essenzialmente immutata col riconoscimento, riassunto nella nozione di *relatività*, della misura in cui la descrizione dei fenomeni fisici dipende dal sistema di riferimento scelto dall'osservatore. Si allude qui a quello sviluppo assai fruttuoso che ha permesso di formulare leggi fisiche comuni a tutti gli osservatori e di collegare fenomeni che prima non apparivano correlati. Benché in questa formulazione vengano impiegate astrazioni matematiche come la metrica tetradimensionale non euclidea, l'interpretazione fisica riposa per ogni osservatore sull'usuale separazione tra spazio e tempo e conserva il carattere deterministico della descrizione. Poiché inoltre, come ha sottolineato Einstein, la coordinazione spazio-temporale dei diversi osservatori non implica mai il rovesciamento della sequenza che potremmo dire causale degli eventi, la teoria della relatività non ha soltanto ampliato la validità, ma ha anche rafforzato le basi della descrizione deterministica, che è caratteristica del maestoso edificio della fisica classica.

Un'epoca nuova per la fisica fu tuttavia inaugurata dalla scoperta di Planck del *quanto elementare d'azione*, che rivelava un aspetto di individualità nei processi atomici, il quale va ben oltre l'antica idea di divisibilità limitata della materia. Divenne infatti chiaro che la descrizione fornita dalle teorie fisiche classiche rappresenta un'idealizzazione valida soltanto per i fenomeni nella cui analisi tutte le azioni implicate sono sufficientemente grandi da permettere di trascurare il quanto d'azione. Mentre questa condizione è ampiamente soddisfatta nei fenomeni macroscopici, con le particelle atomiche si incontrano regolarità di nuovo tipo, incompatibili con l'analisi deterministica. Queste leggi quantistiche determinano la stabilità e le reazioni peculiari dei sistemi atomici e sono quindi in definitiva responsabili delle proprietà della materia da cui dipendono i nostri mezzi di osservazione.

Il problema per i fisici divenne perciò quello di sviluppare una generalizzazione razionale della fisica classica in grado d'incorporare armonicamente il quanto d'azione. Dopo un'esplorazione preliminare dei dati sperimentali, effettuata con metodi primitivi, questo difficile compito fu portato a termine mediante l'introduzione di appropriate astrazioni matematiche. Cosí, nel formalismo quantistico le grandezze che solitamente definiscono lo stato di un sistema fisico vengono sostituite mediante operatori simbolici, soggetti a un algoritmo non commutativo dipendente dalla costante di Planck. Il procedimento non consente di fissare le grandezze in questione nella misura che sarebbe richiesta dalla descrizione deterministica classica, ma permette di determinare la loro distribuzione spettrale quale risulta dalle esperienze relative ai processi atomici. In conformità con il carattere non intuitivo del formalismo, l'interpretazione fisica di esso trova la sua espressione in leggi di tipo essenzialmente statistico, relative a osservazioni fatte in condizioni sperimentali assegnate.

Benché la meccanica quantistica abbia potuto ordinare un numero enorme di dati sperimentali relativi ai fenomeni atomici, il suo scostarsi dagli usuali requisiti delle spiegazioni causali ha naturalmente fatto sorgere la domanda, se si tratti di una descrizione completa dell'esperienza. La risposta evidentemente rimanda a un esame piú attento delle condizioni che possono assicurare un uso non ambiguo dei concetti della fisica classica nell'analisi dei fenomeni atomici. Il punto decisivo da tenere presente è che la descrizione del dispositivo sperimentale e dei risultati deve venire effettuata ricorrendo al linguaggio ordinario, opportunamente raffinato mediante la terminologia fisica usuale. Questo è semplicemente un requisito logico, poiché con il termine "esperimento" non possiamo intendere che un procedimento riguardo al quale siamo in grado di comunicare ad altri che cosa abbiamo fatto e appreso.

In pratica, questi requisiti sono assicurati dall'impiego – come strumenti di misura – di corpi rigidi, sufficientemente pesanti da permettere una descrizione strettamente classica delle loro posizioni e velocità relative. A questo proposito è essenziale ricordare pure che tutte le informazioni non ambigue concernenti gli oggetti atomici vengono ricavate dai segni permanenti – come la macchia prodotta da un elettrone su una lastra fotografica – lasciati sui corpi che definiscono le condizioni sperimentali. Lungi dall'implicare complicazioni particolari, gli effetti irreversibili di amplificazione, su cui riposa la segnalazione della presenza di oggetti atomici, ci richiamano piuttosto all'irreversibilità essenziale inerente al semplice concetto di osservazione. La descrizione dei fenomeni atomici ha da questo punto di vista un carattere perfettamente oggettivo, nel senso che non è necessario alcun riferimento esplicito a un particolare osservatore e che perciò, tenuto conto delle esigenze della relatività, non vi è ambiguità nella comunicazione dell'informazione.

Fin qui il problema dell'osservazione nella fisica quantistica non differisce in alcun modo da quello della fisica classica. Il nuovo aspetto essenziale nell'analisi dei fenomeni quantici consiste nell'introduzione di una *fondamentale distinzione tra lo strumento di misura e l'oggetto in esame*. Questa è una conseguenza diretta della necessità di una descrizione in termini puramente classici delle funzioni dello strumento, con esclusione di principio di ogni riferimento al quanto d'azione. D'altra parte gli aspetti quantici del fenomeno sono contenuti nell'informazione dedotta dall'osservazione degli oggetti atomici. Mentre nell'ambito della fisica classica l'interazione tra oggetto e apparato può venire trascurata o, se necessario, compensata, nella fisica quantistica questa interazione è parte inseparabile del fenomeno. Ne segue che una descrizione non ambigua dei fenomeni tipicamente quantici deve includere in linea di principio la descrizione di tutti gli aspetti rilevanti dell'apparato strumentale.

Il semplice fatto che la ripetizione dello stesso esperimento in generale fornisca differenti risultati relativamente all'oggetto implica immediatamente che un resoconto comprensivo dell'esperienza in questo campo deve venire espresso mediante una legge statistica. Occorre appena sottolineare che non si tratta qui di un ricorso alla statistica analogo a quello che si fa per descrivere i sistemi fisici troppo complessi perché si possa dare del loro stato la definizione completa richiesta dall'interpretazione deterministica. Nel caso dei fenomeni quantici la divisibilità illimitata degli eventi implicita nella suddetta interpretazione resta esclusa in linea di principio dalla necessità di specificare le condizioni sperimentali. Infatti l'unità intrinseca tipica di questi fenomeni trova la sua espressione logica nel fatto che qualunque tentativo di effettuare una ben definita suddivisione implicherebbe una modificazione del dispositivo sperimentale, incompatibile con la definizione dei fenomeni in esame.

Nell'ambito della fisica classica tutte le proprietà caratteristiche di un dato oggetto possono in linea di principio venire determinate con un unico apparato sperimentale, benché in pratica sia spesso conveniente ricorrere a dispositivi differenti per studiare aspetti diversi dei fenomeni. Infatti i dati cosí ottenuti si integrano a vicenda e possono venire unificati in una descrizione coerente del comportamento dell'oggetto studiato. Nella fisica quantistica, invece, dati sui sistemi atomici ottenuti per vie diverse possono manifestare un tipo nuovo di relazione di complementarità. Infatti si può vedere che questi dati, i quali appaiono contraddittori qualora si tenti di combinarli in un singolo quadro, esauriscono tutto ciò che è conoscibile intorno all'oggetto. Lungi dal limitare le domande che possono essere poste alla natura sotto forma di esperimenti, la nozione di *complementarità* semplicemente caratterizza le risposte che si possono ricevere ogniqualvolta l'interazione tra gli strumenti di misura e gli oggetti formi parte integrante del fenomeno.

Benché, com'è naturale, la descrizione classica dell'apparato e l'irreversibilità delle registrazioni relative a oggetti atomici assicurino una sequenza di causa ed effetto conforme ai requisiti elementari di causalità, l'abbandono irrevocabile dell'ideale deterministico trova espressione incisiva nella relazione di complementarità che governa l'uso non ambiguo dei concetti fondamentali sulla cui libera combinazione riposa la descrizione fisica classica. Infatti l'accertamento della presenza di una particella atomica in una ristretta regione di spazio-tempo richiede un apparato che comporta un trasferimento di energia e di quantità di moto a corpi come regoli di misura e orologi sincronizzati, che non può venire incluso nella loro descrizione se si vuole che servano a definire il sistema di riferimento. Viceversa, ogni rigida applicazione delle leggi di conservazione della quantità di moto e dell'energia implica di per sé la rinuncia a un'esatta coordinazione spazio-temporale delle particelle.

Tutto questo trova espressione quantitativa nelle relazioni d'indeterminazione di Heisenberg che fissano la latitudine reciproca con cui possono venir fissate in meccanica quantistica le variabili cinematiche e dinamiche richieste per la definizione dello stato di un sistema in meccanica classica. Infatti la non commutabilità dei simboli che rappresentano quelle variabili nel formalismo quantistico corrisponde all'esclusione mutua dei dispositivi richiesti per una loro precisa definizione. In questo contesto non si ha per nulla a che fare con una restrizione relativa all'accuratezza delle misure, ma con una limitazione per la ben definita applicazione dei concetti di spazio-tempo e delle leggi dinamiche di conservazione, derivante dalla necessaria distinzione tra strumenti e oggetti atomici.

Nella trattazione dei problemi atomici, i calcoli possono molto convenientemente venire eseguiti ricorrendo alla funzione di stato di Schrödinger, dalla quale mediante ben definite operazioni matematiche possono venire dedotte le leggi statistiche che regolano le osservazioni ottenibili sotto condizioni assegnate. Va però osservato che si tratta di un procedimento puramente simbolico, la cui interpretazione fisica univoca richiede in ultima analisi un riferimento all'intero dispositivo sperimentale. Il trascurare questo punto ha talvolta condotto a qualche confusione, e in particolare l'uso di frasi come "perturbazione del fenomeno attraverso l'osservazione", oppure "creazione di attributi fisici degli oggetti attraverso le misure", è difficilmente compatibile con il linguaggio comune e le definizioni pratiche.

A questo riguardo è stata anzi sollevata la questione se non sia necessario ricorrere alle logiche a piú valori per conseguire una rappresentazione piú adeguata della situazione. Da quanto precede si vede però che ogni scostamento dal linguaggio comune e dalla logica ordinaria può essere evitato impiegando il termine "fenomeno" solo in relazione a informazioni comunicabili in modo univoco, e nella cui descrizione il termine "misura" venga usato nel suo semplice significato di confronto con un campione. Questa cautela nella scelta dei termini è particolarmente necessaria nell'esplorazione di un nuovo campo di esperienza, l'informazione sul quale non può venire inclusa nello schema familiare che nella fisica classica trovava la piú illimitata applicabilità.

Considerandola su questo sfondo, si può dire che la meccanica quantistica risponda a tutti i requisiti di ogni spiegazione razionale, sia per quanto attiene alla coerenza che alla completezza. Cosí l'enfasi posta sulle registrazioni permanenti ottenute sotto ben definite condizioni sperimentali come base per una coerente interpretazione del formalismo quantistico corrisponde al presupposto, implicito nella descrizione classica, che ogni gradino della sequenza causale degli eventi consenta in linea di principio una verifica. Inoltre una completezza di descrizione analoga a quella ricercata in fisica classica è resa qui attingibile dalla possibilità di prendere in considerazione ogni apparato sperimentale concepibile.

Quest'argomentazione non implica naturalmente che in fisica atomica non ci sia piú nulla da apprendere, né per quanto riguarda i dati sperimentali, né per quanto riguarda gli strumenti matematici. Infatti appare già probabile che si renda necessaria l'introduzione nel formalismo di nuove astrazioni per spiegare i nuovi aspetti rivelati dall'esplorazione dei processi atomici di altissima energia. Il punto decisivo però è che a questo riguardo resta escluso qualunque ritorno a modi di descrizione che soddisfino in maggior misura agli usuali requisiti imposti alla rappresentazione intuitiva delle connessioni causali.

Il solo fatto che le leggi quantistiche escludano la possibilità di un'analisi condotta lungo le linee classiche impone, come abbiamo visto, che nella descrizione dell'esperienza venga introdotta una distinzione logica tra strumento e oggetto atomico, che in linea di principio rende impossibile una descrizione globalmente deterministica. Riassumendo, si può sottolineare il fatto che, lungi dall'implicare una rinuncia arbitraria all'idea di causalità, lo schema piú ampio della complementarità è l'espressione diretta della nostra posizione nei confronti della spiegazione di proprietà fondamentali della materia che la descrizione classica presuppone.

Nonostante la diversità delle situazioni tipiche cui si applicano le nozioni di relatività e complementarità, queste presentano dal punto di vista epistemologico profonde analogie. Infatti in entrambi i casi abbiamo a che fare con lo studio di armonie che non possono venire incluse nelle concezioni intuitive adatte per l'interpretazione di campi piú limitati dell'esperienza fisica. Ma il punto essenziale è che in nessuno dei due casi l'allargamento dello schema concettuale implica un richiamo qualunque al soggetto che osserva (cosa che renderebbe impossibile la comunicazione univoca dell'esperienza). In relatività questa oggettività viene assicurata tenendo debitamente conto della dipendenza dei fenomeni dal sistema di riferimento dell'osservatore, mentre nella descrizione complementare ogni soggettivismo è evitato accertando accuratamente le circostanze che garantiscono il ben definito uso dei concetti fisici elementari.

Nella prospettiva filosofica generale è significativo che, esaminando i processi di analisi e di sintesi in altri campi della conoscenza, si osservino situazioni che ricordano quella della fisica quantistica. Cosí gli organismi viventi e certe caratteristiche degli individui coscienti e delle culture umane presentano aspetti di unità la cui spiegazione richiede un modo di descrizione tipicamente complementare. A causa del diverso uso fatto della ricca nomenclatura disponibile in questi campi piú vasti, e soprattutto delle diverse interpretazioni date del concetto di causalità nella letteratura filosofica, lo scopo di questi confronti è stato talvolta frainteso. Tuttavia il graduale sviluppo di una terminologia appropriata per la descrizione della situazione piú semplice che si presenta nella fisica indica che non si è di fronte a piú o meno vaghe analogie, ma a chiari esempi di relazioni logiche che, sia pure in differenti contesti, valgono in campi ben piú vasti.

10.
Unità della conoscenza

1960

Il problema cui allude il titolo è antico quanto la civiltà stessa, ma recentemente con l'approfondirsi delle specializzazioni negli studi e nelle attività sociali ha ridestato nuova attenzione. Da varie parti è stata espressa preoccupazione per la confusione sorgente dagli atteggiamenti evidentemente divergenti assunti dagli umanisti e dagli scienziati nei confronti dei problemi umani, e a questo proposito si è perfino parlato di una frattura culturale nella società moderna. Non dobbiamo tuttavia dimenticare che viviamo in un'epoca di rapidi sviluppi in molti campi della conoscenza, tale da rievocare sotto quest'aspetto l'età del Rinascimento europeo.

Per quanto grandi possano essere apparse a quel tempo le difficoltà della liberazione dalle idee del mondo medievale, i frutti della cosiddetta Rivoluzione scientifica fanno ora certamente parte del patrimonio culturale comune. Nel nostro secolo il grandioso progresso delle scienze non ha soltanto fatto progredire notevolmente la tecnologia e la medicina, ma al tempo stesso ci ha offerto una lezione inattesa circa la nostra posizione di osservatori in quella natura di cui siamo parte. Lungi dall'implicare una scissione tra umanesimo e fisica, questo sviluppo contiene un messaggio d'importanza notevole per il nostro atteggiamento nei confronti dei problemi umani generali, messaggio che, come cercherò di mostrare, ha aperto nuove prospettive alla vecchia questione dell'unità della conoscenza.

La ricerca scientifica condotta con lo scopo di ampliare e ordinare la nostra esperienza del mondo si è dimostrata feconda in tutti i tempi, non foss'altro per il continuo progresso della tecnologia che ha cosí profondamente modificato il quadro della nostra vita quotidiana. Mentre i primi sviluppi dell'astronomia, della geodesia e della metallurgia in Egitto, Mesopotamia, India e Cina erano precipuamente diretti a soddisfare le esigenze della comunità, nella Grecia antica incontriamo i primi tentativi sistematici di chiarire i princípi basilari per la descrizione e l'ordinamento della conoscenza.

In particolare ammiriamo i matematici greci che in vari modi hanno posto le solide basi su cui le generazioni seguenti hanno edificato. A noi interessa sottolineare che la definizione dei simboli e delle operazioni matematiche è basata sul semplice uso logico del linguaggio comune. La matematica non va perciò considerata come un ramo particolare della conoscenza basato sull'accumularsi di esperienze, ma come un raffinamento del linguaggio generale, che viene integrato con mezzi adeguati a rappresentare quelle relazioni per cui l'espressione verbale ordinaria risulterebbe imprecisa o troppo complicata.

Pur tenendo conto dell'aspetto remoto delle astrazioni matematiche che spesso spaventano il profano, si può osservare che anche solo un allenamento elementare permette a uno scolaro d'intendere il famoso paradosso della corsa tra Achille e la tartaruga. Com'è possibile che l'eroe piè-veloce raggiunga e superi il lento rettile se partirà anche con il piú piccolo distacco? Infatti giungendo al punto di partenza della tartaruga, Achille trova che questa ha avanzato di un poco e tale situazione può essere ripetuta all'infinito. Non occorre certamente che io ricordi che l'analisi logica di situazioni di questo tipo ha svolto una parte importante nello sviluppo di concetti e di metodi matematici.

Fin dall'inizio l'uso della matematica è stato essenziale per il progredire della fisica. Mentre la geometria euclidea bastava ad Archimede per la trattazione dei problemi fondamentali dell'equilibrio statico, la descrizione particolareggiata del moto dei corpi materiali richiese lo sviluppo del calcolo infinitesimale, sul quale riposa l'imponente edificio della meccanica newtoniana. Fu soprattutto la spiegazione del moto orbitale dei pianeti nel nostro sistema solare, sulla base di semplici princípi meccanici e della legge della gravitazione universale, a influenzare profondamente l'atteggiamento filosofico generale dei secoli seguenti, e a rafforzare l'idea che spazio e tempo nonché causa ed effetto dovessero venire assunti come categorie *a priori* per la comprensione di tutta la conoscenza.

L'estendersi dell'esperienza fisica ai nostri giorni ha tuttavia reso necessaria una revisione radicale dei fondamenti per un uso univoco dei nostri concetti piú elementari e ha modificato le nostre idee circa gli scopi della fisica. Infatti ora la fisica va considerata non tanto come lo studio di qualcosa che è dato *a priori*, ma piuttosto come lo sviluppo di metodi per riassumere e ordinare l'esperienza. Nostro scopo è di rendere conto di quest'esperienza in un modo che non dipenda dal giudizio individuale e sia perciò oggettivo nel senso che possa venire comunicato in modo univoco mediante il comune linguaggio.

Circa i concetti stessi di spazio e tempo, riflessi nell'uso comune di termini come qui e là, prima e dopo, va tenuta presente l'importanza essenziale che per il nostro orientamento riveste la velocità di propagazione della luce, enorme se confrontata con quella dei corpi che ci circondano. Tuttavia il sorprendente risultato, secondo cui anche con le misure piú raffinate non è possibile con esperimenti di laboratorio mettere in evidenza un qualsiasi effetto del moto orbitale della terra intorno al sole, rivelava che la forma dei corpi rigidi e le loro distanze mutue sono diversamente valutate da osservatori in movimento rapido l'uno rispetto all'altro e perfino che eventi simultanei per un osservatore possono da un altro venire osservati a istanti diversi. Lungi dall'originare complicazioni e confusioni, il riconoscimento della dipendenza della descrizione dal punto di vista dell'osservatore si rivelò quanto mai fecondo per la ricerca di leggi fondamentali valide per tutti gli osservatori.

Infatti la teoria della relatività generale, con la quale Einstein rinunciando a ogni idea di spazio e di tempo assoluti diede alla nostra descrizione dell'universo un'unità e un'armonia superiori a qualsiasi aspettativa, ha fornito un'istruttiva lezione circa la coerenza e la validità del linguaggio corrente. Benché la formulazione della teoria richieda l'impiego di astrazioni matematiche come quelle della geometria non euclidea in quattro dimensioni, la sua interpretazione fisica si basa essenzialmente sulla possibilità che ogni osservatore ha di tenere ben distinti spazio e tempo e di stabilire in che termini ogni altro osservatore, nel proprio sistema di riferimento, descriverà e coordinerà l'esperienza valendosi del linguaggio comune.

Nuovi aspetti fondamentali del problema dell'osservazione, richiedenti una revisione delle basi stesse dell'analisi dei fenomeni in termini di causa ed effetto, furono portati alla luce dallo sviluppo avviato dalla scoperta del quanto universale d'azione fatta da Planck nel primo anno di questo secolo. Infatti questa scoperta mostrava che la vasta applicabilità della cosiddetta fisica classica riposa interamente sulla circostanza che l'azione in giuoco nei fenomeni su scala ordinaria è cosí grande che il quanto può venire del tutto trascurato. Nei processi atomici tuttavia s'incontrano regolarità di nuovo tipo che sfuggono a ogni descrizione intuitiva causale, ma che sono nondimeno responsabili di quella stabilità peculiare dei sistemi atomici dalla quale dipendono in definitiva tutte le proprietà della materia.

In questo nuovo campo di esperienza, aperto dai nuovi affinamenti dell'arte della sperimentazione fisica, abbiamo avuto molte grandi sorprese, e ci si è perfino affacciato il problema del tipo di risposte che si possono ricevere ponendo alla natura domande in forma di esperimenti. Infatti nella descrizione dell'esperienza ordinaria è dato per scontato che gli oggetti in esame non vengono modificati dall'osservazione. È vero che quando osserviamo la luna per mezzo di un telescopio riceviamo luce solare riflessa dalla superficie del satellite, ma il rinculo prodotto da questa riflessione è troppo piccolo per avere un qualche effetto sulla posizione e velocità di un corpo pesante come la luna. Se però si ha a che fare con un sistema atomico, la cui costituzione e le cui reazioni alle influenze esterne sono determinate fondamentalmente dal quanto d'azione, la situazione cambia completamente.

Davanti al problema di dare in queste circostanze una descrizione oggettiva è importante notare che, per quanto un fenomeno esorbiti dal dominio dell'esperienza ordinaria, la descrizione dell'apparato di misura e la registrazione dei dati devono essere basate sul linguaggio comune. Nella sperimentazione concreta questi requisiti sono ampiamente soddisfatti specificando le condizioni sperimentali mediante l'uso di corpi pesanti come diaframmi e lastre fotografiche, il cui impiego è descrivibile in termini di fisica classica. Proprio questa circostanza esclude però la possibilità di un'autonoma descrizione dell'interazione tra gli strumenti e gli oggetti atomici in esame.

In particolare questa situazione impedisce la piena combinazione della coordinazione spazio-temporale da un lato e delle leggi di conservazione della quantità di moto e dell'energia dall'altro, su cui riposa la descrizione causale intuitiva della fisica classica. Cosí, l'uso di un dispositivo con cui si cerca di stabilire dove si trova una particella, della quale è nota la posizione a un istante precedente, comporta un trasferimento, non controllabile in linea di principio, di quantità di moto e di energia ai regoli e agli orologi occorrenti per definire il sistema di riferimento. Viceversa l'impiego di un dispositivo atto a studiare il bilancio dell'energia e della quantità di moto – decisivo per la spiegazione di proprietà essenziali dei sistemi atomici – implica sempre la rinuncia a una particolareggiata coordinazione spazio-temporale delle particelle che li costituiscono.

Cosí stando le cose, non sorprende che con un solo apparato sperimentale si possano ottenere diverse registrazioni corrispondenti a vari processi quantici individuali per il verificarsi dei quali si possono fare solo previsioni statistiche. Inoltre dobbiamo essere preparati al fatto che dati ottenuti mediante dispositivi sperimentali mutuamente escludentisi possano mostrare contrasti fin qui non osservati e anche apparire a prima vista contraddittori.

È in questa situazione che si fa appello alla nozione di complementarità per realizzare uno schema sufficientemente ampio per fornire la spiegazione di regolarità fondamentali che non possono venire comprese in una singola descrizione. Infatti i dati ottenuti in condizioni sperimentali ben definite – ed espressi mediante un impiego adeguato dei concetti fisici elementari – esauriscono nel loro complesso tutta l'informazione sugli oggetti atomici che può venire comunicata con il linguaggio usuale.

Una spiegazione particolareggiata lungo le linee della complementarità di un nuovo ampio dominio di esperienze è stato reso possibile dallo sviluppo graduale di un formalismo matematico, noto come meccanica quantistica, in cui le grandezze fisiche fondamentali sono rappresentate da operatori simbolici soggetti a un algoritmo dipendente dal quanto d'azione e riflettente la non commutabilità delle corrispondenti operazioni di misura. Se si considera il quanto d'azione come un elemento eludente ogni spiegazione di tipo consueto – proprio come avviene in relatività per il ruolo della velocità della luce che stabilisce un limite superiore per la velocità di qualunque segnale – questo formalismo può venir considerato una generalizzazione razionale dello schema concettuale della fisica classica. Per il nostro discorso tuttavia il punto centrale è che il contenuto fisico della meccanica quantistica si esaurisce nella sua capacità di formulare leggi statistiche valide per le osservazioni fatte in condizioni esprimibili con il linguaggio corrente.

Il fatto che nella fisica atomica, ove si presentano regolarità di una precisione altrove sconosciuta, la descrizione oggettiva possa darsi solo includendo nella spiegazione dei fenomeni riferimenti espliciti alle condizioni sperimentali sottolinea in un modo nuovo l'inseparabilità della conoscenza e delle nostre possibilità d'indagine. Siamo qui di fronte a una lezione epistemologica di carattere generale che illumina la nostra posizione in molti altri campi d'interesse umano.

In particolare le condizioni di analisi e di sintesi nelle cosiddette esperienze psichiche hanno sempre costituito un problema importante per la filosofia. È evidente che parole come pensieri e sentimenti, in riferimento a esperienze mutuamente escludentisi, sono stati usati in modo tipicamente complementare fin dalle origini del linguaggio. In questo contesto però la separazione soggetto-oggetto richiede una cautela particolare. Ogni comunicazione univoca circa lo stato e l'attività della nostra mente implica naturalmente una separazione tra il contenuto della coscienza e ciò cui genericamente si allude col termine di Sé, ma ogni tentativo di descrizione esauriente della ricchezza della vita cosciente richiede in situazioni differenti una diversa localizzazione della divisione tra soggetto e oggetto.

Per illustrare questo punto importante mi permetterò di citare un poeta e filosofo danese, Poul Martin Møller (1794-1838), che lasciò un romanzo incompiuto tuttora letto con piacere sia dai vecchi che dai giovani di questo paese. Nel romanzo dal titolo *Avventura di uno studente danese*, l'autore dà una descrizione notevolmente vivida e suggestiva del contrasto tra i vari aspetti della nostra condizione, illustrati dalle discussioni all'interno di un circolo di studenti con caratteri diversi e atteggiamenti divergenti nei confronti della vita.

In particolare mi riferirò a una conversazione tra due cugini, uno dei quali è molto efficiente nelle cose pratiche, mentre l'altro, il diplomato, si dedica a remote meditazioni filosofiche che vanno a detrimento della sua attività sociale. Quando il primo rimprovera il secondo per non aver saputo cogliere l'occasione di un lavoro offertogli dalla cortesia dei suoi amici, il poveretto si scusa con molta sincerità, ma spiega le difficoltà in cui lo hanno messo le sue riflessioni. E dice:

> Le mie ricerche senza fine mi rendono impossibile di raggiungere alcunché. E poi mi accade di pensare intorno ai miei stessi pensieri sulla situazione in cui mi trovo. Penso perfino che ci sto pensando e mi suddivido in un'infinita regressione di "Io" che si

considerano l'un l'altro. Io non so a quale "Io" fermarmi come a quello effettivo e se mi fermo a uno di essi a un dato istante, ecco che ancora si dà un "Io" che si ferma. Allora mi confondo e provo un malessere come se stessi guardando in un abisso senza fondo, e tutti i miei pensamenti finiscono in un terribile mal di testa.

Il cugino gli replica:

> Io non ti posso aiutare in alcun modo a distinguere i tuoi molti "Io". Ciò è del tutto al di fuori della mia sfera d'azione e sarei o diventerei pazzo se mi abbandonassi alle tue superumane fantasticherie. La mia condotta è di attenermi alle cose palpabili e di percorrere le larghe vie del senso comune; in tal modo i miei "Io" non si ingarbugliano mai.

A parte il fine umorismo con cui il fatto è raccontato, non è certamente facile dare una descrizione piú calzante degli aspetti essenziali della situazione in cui tutti ci troviamo. Fortunatamente il rischio di cadere nella deplorevole condizione del diplomato è piccolo nella vita reale dove ci si abitua gradualmente a superare le difficoltà pratiche e s'impara a esprimere col linguaggio comune ciò che ci occorre e ciò che abbiamo in mente. In quest'adattamento l'equilibrio tra gravità e umorismo, notevole nei giuochi dei ragazzi e ugualmente apprezzato nell'età matura, ha una parte non piccola.

Il modo tipicamente complementare con cui parole come contemplazione e volizione vengono usate va attentamente considerato quando si esamina il problema della libertà del volere, che da sempre interessa i filosofi. Pur non essendo in grado di decidere se vogliamo fare una cosa perché riteniamo di potere o se possiamo proprio perché lo vogliamo, è comune esperienza umana il sentimento, per cosí dire, di poter fare del proprio meglio in ogni circostanza. Infatti l'idea di volizione ha una parte insostituibile in parole come speranza e responsabilità, di per sé ugualmente indefinibili al di fuori del contesto in cui vengono usate.

La mobilità della separazione soggetto-oggetto nella descrizione della vita cosciente corrisponde a una ricchezza di esperienze cosí varia da consentire diversi modi di avvicinamento. Per quanto riguarda la conoscenza dei nostri simili, noi assistiamo naturalmente solo al loro comportamento, ma dobbiamo convenire che il ricorso all'idea di consapevolezza è inevitabile quando quel comportamento appare cosí complesso che la sua descrizione mediante il linguaggio usuale postula un riferimento all'autocoscienza. È tuttavia evidente che ogni ricerca di un soggetto ultimo è in contrasto con lo scopo di una descrizione oggettiva che richiede la contrapposizione di soggetto e oggetto.

Queste considerazioni non vogliono sminuire in alcun modo il valore dell'ispirazione che le grandi creazioni dell'arte ci offrono rivelando aspetti di unità armoniosa nella nostra condizione. Infatti rinunciando in sempre maggior misura a un'analisi logica e liberando progressivamente le corde dell'emozione, poesia, pittura e musica possono aiutarci a riavvicinare disposizioni spirituali estreme quali quelle che si sogliono caratterizzare come pragmatiche da un lato e mistiche dall'altro. Già gli antichi pensatori indiani avevano compreso le difficoltà logiche che si frappongono a un'espressione adeguata di quell'unità. In particolare essi trovavano rimedio alle disarmonie dell'esistenza, sottolineando la futilità di ogni domanda sul significato di questa, in quanto il termine "significato" implica un confronto. E con che cosa può essere confrontata l'intera esistenza?

Il fine di questo discorso è di sottolineare che ogni esperienza, sia essa nell'ambito della scienza, della filosofia o dell'arte, per essere di qualche utilità per l'uomo, deve essere suscettibile di comunicazione con i nostri mezzi di espressione, ed è da questo punto di vista che affronteremo la questione dell'unità della conoscenza. Posti di fronte alla grande varietà di sviluppi culturali, andremo perciò alla ricerca di quegli aspetti delle civiltà che hanno le loro radici nella generale condizione umana. In particolare troveremo che la posizione dell'individuo nella comunità presenta aspetti multiformi, spesso mutuamente escludentisi.

Affrontando l'antico problema della fondazione dei cosiddetti valori etici, possiamo chiederci anzitutto qual è la validità dei concetti di giustizia e di carità, alla cui piú stretta contemperazione tendono tutte le società. Pure è evidente che in una situazione che consenta l'applicazione univoca di regole giuridiche accettate non resta spazio per il libero uso della carità. Ed è ugualmente chiaro, com'è stato potentemente sottolineato dai grandi tragediografi greci, che la compassione può mettere ciascuno in conflitto con qualunque idea concisamente formulata di giustizia. Siamo qui di fronte a relazioni di complementarità insite nella condizione umana, e che l'antica filosofia cinese riassume con indimenticabile efficacia ricordandoci che nel dramma dell'esistenza noi siamo sia attori che spettatori.

Confrontando differenti culture nazionali s'incontra la difficoltà di valutare la cultura di una nazione in termini delle tradizioni dell'altra. Infatti l'autocompiacimento insito in ogni cultura corrisponde molto da vicino all'istinto di conservazione caratteristico di tutte le specie viventi. In questo contesto è però importante osservare che le caratteristiche mutuamente escludentisi di due culture, che derivano da tradizioni rafforzate dagli eventi storici, non possono venire raffrontate direttamente a quelle che s'incontrano in fisica, psicologia ed etica, dove si ha a che fare con aspetti intrinseci della situazione umana come tale. Infatti, come appare anche dalla storia europea, i contatti tra le nazioni hanno spesso portato a una fusione delle culture in cui elementi validi delle singole tradizioni nazionali originali si sono conservati. La questione di come ridurre la cosiddetta frattura culturale tra le società moderne è dopo tutto un problema pedagogico piú ristretto, per il quale sembra non si necessiti solo d'informazione, ma, come tutti penso mi concederanno, anche di un po' di senso dell'umorismo. Uno scopo estremamente serio è peraltro sicuramente quello di promuovere la comprensione mutua tra le nazioni di formazione culturale molto diversa.

Infatti il progresso rapido della scienza e della tecnologia cui oggi assistiamo, che contiene promesse senza precedenti di miglioramento del benessere umano e al tempo stesso minacce a breve scadenza alla sicurezza del mondo intero, pone tutta la nostra civiltà di fronte a una vera e propria sfida. Certamente ogni progresso delle conoscenze e capacità ha sempre comportato maggiori responsabilità, ma oggi che i destini di tutti i popoli sono cosí inseparabilmente connessi una collaborazione svolta nella fiducia reciproca, basata sulla piena valutazione di ogni aspetto della condizione umana, è piú necessaria di quanto non lo sia mai stata nella storia dell'umanità.

II.
Rapporti tra le scienze fisiche e biologiche

1960

L'esperienza dell'aiuto che certe sostanze naturali possono apportare alla cura delle malattie risale all'infanzia della civiltà, precedendo ogni idea di ricerca scientifica razionale. Pure è interessante richiamare quanto la ricerca di erbe medicamentose abbia stimolato lo sviluppo della botanica sistematica. La preparazione di medicamenti e lo studio dei loro effetti ebbero poi importanza essenziale per lo sviluppo della chimica.

Per molto tempo lo studio delle proprietà e delle trasformazioni delle sostanze rimase ben distinto dai tentativi, caratteristici della metodologia della fisica, di spiegare il comportamento dei corpi in termini di spazio e di tempo, di causa e di effetto. Giacché questo fu l'aspetto fondamentale di quella meccanica newtoniana e anche di quella teoria elettromagnetica basata sulle scoperte di Ørsted e Faraday, che con le loro applicazioni tecnologiche hanno cosí profondamente modificato il quadro della nostra vita quotidiana.

Lo sviluppo che hanno avuto nel secolo scorso le antiche idee sulla costituzione atomica della materia ha stimolato la ricerca di una connessione piú stretta tra la chimica e la fisica. Da una parte la chiarificazione del concetto di elemento chimico condusse alla comprensione delle leggi che governano le proporzioni secondo cui questi elementi entrano nelle combinazioni chimiche. Dall'altra lo studio delle proprietà straordinariamente semplici dei gas condusse allo sviluppo della teoria meccanica del calore, fornendo una spiegazione delle leggi generali della termodinamica che hanno trovato feconda applicazione anche nella chimica fisica.

Gli studi sull'equilibrio termico della radiazione, basati sulla teoria elettromagnetica, dovevano tuttavia portare alla luce nei processi atomici un aspetto di indivisibilità, inconciliabile con le idee della fisica classica. Infatti la scoperta di Planck del quanto universale d'azione indicava che l'applicabilità molto vasta dell'usuale descrizione del comportamento macroscopico della materia si basa interamente sulla circostanza che l'azione coinvolta nei fenomeni su scala ordinaria è cosí grande che il quanto può venire trascurato. Nei processi atomici individuali invece si incontrano regolarità di nuovo tipo, responsabili della peculiare stabilità dei sistemi atomici dalla quale dipendono in definitiva tutte le proprietà della materia.

L'ordinamento di questo nuovo e ricco campo di esperienze ha richiesto una revisione radicale dei fondamenti dell'uso univoco dei nostri concetti fisici piú elementari. Per spiegare che cosa si fa e che cosa si osserva concretamente nella sperimentazione fisica è necessario naturalmente descrivere l'apparato sperimentale e la registrazione delle osservazioni mediante il linguaggio comune. Nello studio dei fenomeni atomici però ci si trova in una situazione in cui la ripetizione di un esperimento con lo stesso dispositivo può portare a differenti registrazioni, ed esperimenti fatti con diversi dispositivi possono dare risultati che a prima vista sembrano contraddirsi a vicenda.

La spiegazione di questi apparenti paradossi è venuta attraverso l'osservazione che l'interazione tra gli oggetti e i mezzi di osservazione, che ordinariamente può venire trascurata o valutata a parte, nell'ambito della fisica quantistica forma invece parte inseparabile dei fenomeni. In tal modo le varie esperienze non possono piú venire integrate nel modo usuale, bensí i diversi fenomeni devono venir considerati come complementari, nel senso che insieme esauriscono tutta l'informazione sugli oggetti atomici univocamente esprimibile.

Gli strumenti matematici necessari per una descrizione secondo le linee della complementarità sono stati forniti dal formalismo della cosiddetta meccanica quantistica, mediante il quale si sono potute spiegare moltissime proprietà fisiche e chimiche della materia. La disputa cordiale tra fisici e chimici, se sia stata la fisica a mutarsi in chimica o se questa non sia stata assorbita dalla fisica, indica il carattere e l'ampiezza di questo progresso.

Ricordare nei particolari il grande sviluppo della scienza atomica ci porterebbe troppo lontano; menzionerò quindi soltanto che nel legame degli elettroni al nucleo atomico e nella parte che essi hanno nella formazione delle molecole abbiamo a che fare con effetti tipicamente quantici che sfuggono alle descrizioni intuitive usuali. Grazie alla massa dei nuclei, grande rispetto a quella degli elettroni, è possibile spiegare con approssimazione molto buona le configurazioni degli atomi nelle molecole, le quali corrispondono alle ben note formule strutturali che sono state indispensabili per d'ordinamento di tutta l'esperienza chimica.

L'intero schema non solo è in completo accordo con la cinetica chimica consueta, ma sottolinea anzi la semplicità delle ipotesi su cui essa si basa. Cosí in qualunque processo di combinazione chimica le proprietà delle nuove molecole non risultano dipendere principalmente dalla composizione delle vecchie molecole, ma piuttosto dalla posizione relativa degli atomi che queste contengono. Tutte le caratteristiche secondarie dello stato di tali molecole, che sono connesse con oscillazioni risalenti al processo di formazione, non influenzano in modo essenziale le proprietà chimiche, e perdono anzi rapidamente ogni connessione con la loro storia precedente a causa dell'agitazione termica generale del mezzo.

La comprensione generale delle proprietà specifiche della materia, per cui il quanto d'azione è stato di guida, ha dato inizio a un periodo di rapido sviluppo delle scienze naturali, che sotto molti aspetti ricorda la rivoluzione scientifica del sedicesimo e diciassettesimo secolo. Uno degli sviluppi piú impressionanti è stato il sorgere della biochimica, di cui hanno beneficiato ugualmente la fisiologia e la farmacologia. In particolare la progressiva obliterazione della distinzione tra chimica organica e inorganica ha risollevato il vecchio problema dei limiti delle scienze fisiche nella spiegazione dei fenomeni vitali.

Il graduale riconoscimento, attraverso lo sviluppo dell'anatomia e della fisiologia, dell'enorme complessità della struttura degli organismi viventi e della varietà dei meccanismi che governano le loro funzioni ha spesso indotto a mettere in dubbio la compatibilità dell'ordine esistente nell'organismo con le leggi generali della termodinamica. Dal punto di vista della moderna cinetica chimica però non c'è da attendersi una simile contraddizione, e studi approfonditi dello scambio di energia e di entropia che accompagna il metabolismo e i movimenti degli organismi non hanno mai messo in luce un'eventuale restrizione di validità dei princípi termodinamici.

In questi ultimi anni notevoli progressi sono stati fatti nella conoscenza delle complesse strutture molecolari localizzate nelle cellule viventi e in particolare di quelle catene molecolari che portano l'informazione genetica da una generazione all'altra. Inoltre migliora sempre piú la nostra comprensione dei processi enzimatici mediante i quali questa informazione viene utilizzata per la formazione di altre strutture molecolari specifiche, come le proteine. Infatti, per quanto sappiamo, potremmo avere qui a che fare con un aumento continuo di stabilità nella costituzione delle cellule a spese dell'energia libera corrispondente all'aumento di entropia in processi chimici irreversibili di tipo usuale.

Tenendo conto di tutto questo, sembra logico ritenere che, nell'arco della vita di un organismo, si abbia a che fare con processi non immediatamente reversibili, corrispondenti a una stabilità gradualmente crescente nelle condizioni normalmente mantenute dalla nutrizione e dalla respirazione.

Nonostante le differenze di scala e di funzione, siamo inoltre di fronte a una notevolissima somiglianza tra organismi viventi e macchine automatiche. Infatti in base ai piú recenti progressi della tecnologia è possibile progettare macchine che reagiscono in ogni modo prescritto, comprese l'autoriparazione e la riproduzione, sempre che possano avere accesso ai materiali necessari e alle sorgenti di energia. A questo riguardo però va tenuto presente che la vita organica è una manifestazione di risorse naturali che vanno ben al di là di quelle impiegate per la costruzione di macchine. Infatti nella descrizione del funzionamento di strumenti di calcolo e di controllo possiamo sostanzialmente trascurare la costituzione atomica della materia e limitarci alle proprietà meccaniche ed elettriche dei materiali impiegati e all'applicazione delle semplici leggi fisiche che governano l'interazione tra le varie parti della macchina. L'intera storia dell'evoluzione organica ci mostra invece i risultati di tutti i cimenti cui sono sottoposte in natura le immense possibilità delle interazioni atomiche.

A causa della loro enorme complessità non è sorprendente che gli organismi rivelino proprietà e potenzialità che sono in rimarchevole contrasto con quelle manifestate dalla cosiddetta materia inanimata in condizioni sperimentali facilmente riproducibili. È cosí che nozioni come finalismo e autoconservazione, in relazione al comportamento degli organismi come entità, hanno trovato applicazione utile nella ricerca biologica.

Nelle discussioni intorno ai fondamenti della biologia la questione del ruolo di nozioni che vanno oltre il linguaggio della fisica è stata sollevata molto spesso. Da un lato si è detto che questi concetti, nonostante la loro evidente fecondità, alla fine dovrebbero rivelarsi superflui. Dall'altro è stata sostenuta anche l'opinione che si tratti di elementi irriducibili necessari a ogni spiegazione delle manifestazioni vitali.

La lezione che abbiamo appreso dalla fisica quantistica in merito alla nostra posizione di osservatori della natura ha modificato le basi di queste discussioni. Infatti essa sembra insinuare che per quanto riguarda la descrizione oggettiva dei fenomeni biologici la situazione rispecchia i differenti metodi di lavoro impiegati nella fisiologia ordinaria e nella biochimica moderna. Le ragioni per una descrizione complementare in biologia non sono connesse con il problema del controllo dell'interazione tra oggetto e strumento di misura, di cui già si tiene conto nella cinetica chimica, ma piuttosto con la complessità praticamente inesauribile dell'organismo.

La situazione può difficilmente essere ritenuta transitoria e sembra anzi intimamente collegata al modo in cui tutto il nostro schema concettuale si è sviluppato da forme adeguate alle primitive necessità della vita quotidiana fino a strutture capaci di ordinare la conoscenza ottenuta con la ricerca scientifica sistematica. Cosí, fino a quando il termine "vita" sarà mantenuto per ragioni pratiche o epistemologiche, permarranno nella biologia entrambi i punti di vista.

Nella nostra discussione abbiamo fin qui considerato gli esseri viventi come oggetti da studiare in modo simile a quello con cui ci sforziamo di comprendere l'esperienza in qualunque altro campo della natura. Affrontando i problemi della psicologia entriamo in un dominio nuovo della conoscenza, ove il problema dell'analisi e della sintesi ha interessato gli uomini di tutti i tempi. Il linguaggio che impieghiamo per descrivere il nostro stato mentale è infatti molto diverso da quello usato di solito nelle scienze fisiche. Cosí parole come contemplazione e volizione, in connessione con situazioni che si escludono mutuamente ma che sono egualmente caratteristiche della vita cosciente, sono state usate in modo tipicamente complementare fin dai primordi del linguaggio.

La stretta relazione esistente tra l'esperienza psichica e i processi chimico-fisici nel nostro corpo è non meno messa in evidenza dall'applicazione di medicamenti nelle malattie mentali. Il carattere irreversibile dei concomitanti processi fisiologici è pure rispecchiato chiaramente dal grado con cui ciò che perviene a livello della coscienza può essere ricordato. Il desiderio di sviluppare queste considerazioni sarebbe indubbiamente forte, ma ogni ulteriore passo solleverebbe grandi difficoltà, connesse con la natura ancora troppo limitata dei concetti oggi disponibili per questa indagine.

12.

Fisica quantistica e problema della vita

1962

La posizione degli organismi viventi nell'ambito dell'esperienza fisica in generale ha attratto l'attenzione di scienziati e filosofi in tutti i tempi. Cosí l'unità degli organismi era sentita da Aristotele come una difficoltà fondamentale per l'ipotesi della divisibilità limitata della materia, in cui la scuola degli atomisti cercava una base per la comprensione dell'ordine che regna in natura a dispetto della grande varietà dei fenomeni fisici. Viceversa Lucrezio, riprendendo gli argomenti in favore della teoria atomica, interpretava la crescita di una pianta dal suo seme come una prova della permanenza di qualche struttura elementare durante tutto lo sviluppo, considerazione questa che ricorda in modo suggestivo il punto di vista della moderna genetica.

Eppure, nonostante lo sviluppo della meccanica classica nel Rinascimento e le sue fruttuose applicazioni nell'interpretazione atomistica delle leggi della termodinamica, la permanenza dell'ordine nelle complesse strutture e funzioni degli organismi fu spesso ritenuta di difficilissima, se non impossibile spiegazione. Un diverso atteggiamento verso questi problemi fu reso possibile dalla scoperta del quanto d'azione, avvenuta nel primo anno di questo secolo, che rivelava nei processi atomici un aspetto di individualità, che va ben oltre l'antica dottrina della divisibilità limitata della materia. Infatti questa scoperta apriva la strada alla comprensione della notevole stabilità dei sistemi atomici e molecolari, dalla quale dipendono in ultima analisi le proprietà delle sostanze che compongono sia i nostri strumenti che i nostri corpi.

L'elaborazione di un formalismo logicamente coerente per la discussione dei fenomeni quantici ha chiarito essenzialmente le condizioni per una descrizione oggettiva in fisica atomica, con eliminazione di ogni giudizio soggettivo. Il punto cruciale è che pur avendo a che fare con fenomeni che sfuggono a ogni descrizione deterministica intuitiva, si deve fare uso del linguaggio comune, sia pure raffinato dalla terminologia della fisica classica, per comunicare ciò che si è fatto e si è appreso interrogando la natura per mezzo di esperimenti. Nella sperimentazione fisica concreta questo requisito è soddisfatto mediante l'impiego – come strumenti di misura – di corpi rigidi come diaframmi, lenti e lastre fotografiche, sufficientemente grandi e pesanti da permettere una descrizione delle loro forme, posizioni relative e spostamenti che prescinda da ogni effetto quantico legato alla loro struttura atomica.

In fisica classica si suppone che i fenomeni possano venire sottoposti a un processo di suddivisione senza limiti, e soprattutto che l'interazione tra oggetto e strumento di misura possa venire trascurata o comunque valutata a parte. Tuttavia l'aspetto di individualità insito nei processi atomici e rappresentato dal quanto universale d'azione implica che in fisica quantistica questa interazione sia parte integrante del fenomeno e che di essa non sia possibile tenere conto separatamente, se si vuole che gli strumenti servano al loro scopo di definire il dispositivo sperimentale e di registrare le osservazioni. La circostanza, che registrazioni come la macchia prodotta da un elettrone su una lastra fotografica implichino processi essenzialmente irreversibili, non presenta particolari difficoltà d'interpretazione, ma sottolinea piuttosto l'irreversibilità implicita nel concetto stesso di osservazione.

Il fatto, che con uno stesso ben definito apparato si ottengano in generale registrazioni di processi individuali diversi, rende indispensabile il ricorso a una descrizione statistica dei fenomeni quantici.

Inoltre l'impossibilità di combinare in una singola descrizione di tipo classico fenomeni osservati con diversi apparati implica che questi fenomeni apparentemente contraddittori debbono venire considerati complementari, nel senso che, presi insieme, essi esauriscono tutta la conoscenza possibile circa gli oggetti atomici. Infatti ogni contraddizione logica a questo riguardo è esclusa dalla coerenza matematica del formalismo della meccanica quantistica, che serve a esprimere le leggi statistiche valevoli per le osservazioni fatte sotto un qualunque insieme assegnato di condizioni sperimentali.

Per il nostro argomento è d'importanza decisiva il fatto che la complementarità, atta com'è a chiarire i ben noti paradossi riguardanti il carattere dualistico della radiazione elettromagnetica e delle particelle materiali, è ugualmente importante per la spiegazione delle proprietà dei sistemi atomici e molecolari. Cosí ogni tentativo di localizzare nello spazio-tempo gli elettroni di un atomo o di una molecola richiede un dispositivo che rende impossibile il manifestarsi delle regolarità spettrali e dei legami chimici. Tuttavia il fatto che i nuclei sono molto piú pesanti degli elettroni permette che si fissino le posizioni relative degli atomi nelle molecole, tanto da poter dare significato concreto alle formule strutturali della chimica. Infatti rinunciando a una descrizione intuitiva della costituzione elettronica dei sistemi atomici e facendo uso solo della conoscenza empirica delle energie di legame e delle energie di soglia dei processi molecolari, è possibile in un vasto campo di ricerca trattare le reazioni di questi sistemi con i metodi della cinetica chimica ordinaria, basata sulle sicure leggi della termodinamica.

Queste osservazioni si applicano anche alla biofisica e alla biochimica, che in questo secolo hanno fatto progressi straordinari. La temperatura praticamente uniforme all'interno di un organismo restringe le condizioni di ordine termodinamico alla costanza o alla costante diminuzione dell'energia libera. Cosí diventa naturale l'ipotesi che la formazione di tutte le strutture macromolecolari permanentemente o temporaneamente presenti sia il risultato di un insieme di processi essenzialmente irreversibili in corrispondenza dei quali la stabilità dell'organismo nelle normali condizioni assicurate dalla nutrizione e dalla respirazione tende ad aumentare. Anche la fotosintesi nelle piante, come recentemente è stato affermato da Britten e Gamow, è accompagnata da un aumento globale dell'entropia.

Nonostante ciò è sembrato per molto tempo che le funzioni regolatrici negli organismi viventi (messe in luce in modo particolare dagli studi di fisiologia della cellula e di embriologia) presentassero un grado di complessità cosí lontano dall'usuale esperienza fisica e chimica da fare sospettare l'esistenza di leggi biologiche fondamentali senza controparte nelle proprietà della materia inanimata studiata sotto condizioni sperimentali facilmente riproducibili. Sottolineando la difficoltà di mantenere in vita gli organismi in condizioni che mirino a una loro descrizione completa di tipo atomistico, io suggerivo perciò che l'esistenza stessa della vita potrebbe venire assunta in biologia come un fatto elementare, nello stesso senso in cui il quanto d'azione va considerato in fisica atomica un elemento fondamentale irriducibile ai concetti della fisica classica.

Riprendendo questa congettura dal nostro attuale punto di vista, va tenuto presente che lo scopo della biologia non può essere quello di descrivere le vicissitudini degli innumerevoli atomi inclusi permanentemente o temporaneamente in un organismo vivente. Nello studio dei meccanismi biologici di regolazione non si può tracciare nessuna netta separazione tra la microstruttura di questi meccanismi e le funzioni da essi svolte per la conservazione della vita dell'intero organismo. In effetti molti vocaboli usati in fisiologia riflettono un metodo di ricerca in cui partendo dal riconoscimento del ruolo funzionale delle varie parti dell'organismo, si tende alla descrizione fisica e chimica delle loro strutture piú fini e dei processi cui prendono parte. Certamente questi termini teleologici si affiancheranno alla terminologia della biologia molecolare a completarla, fin tanto che per ragioni pratiche o epistemologiche si parlerà di vita. Questa circostanza non implica tuttavia di per sé alcuna limitazione di applicabilità alla biologia dei solidi princípi della fisica atomica.

Per affrontare questo problema fondamentale è essenziale distinguere tra i singoli processi atomici, che si sviluppano entro piccole regioni spaziali e durante brevi intervalli, e la costituzione e le funzioni di strutture piú grandi formate da agglomerati di molecole, che restano insieme per periodi uguali o piú lunghi di un ciclo di divisione cellulare. Anche questi elementi strutturali spesso manifestano proprietà e un comportamento che implicano un'organizzazione di tipo piú peculiare di quella esibita dalle parti di qualunque macchina costruita da noi. Infatti le funzioni dei blocchi costitutivi delle moderne calcolatrici meccaniche ed elettromagnetiche sono determinate semplicemente dalla loro forma e da comuni proprietà materiali come rigidità meccanica, conducibilità elettrica e suscettività magnetica. Quanto alla costruzione delle macchine, i materiali impiegati sono e saranno formati da aggregati di atomi aventi strutture cristalline piú o meno regolari, mentre negli organismi viventi si ha a che fare con un ritmo rimarchevole di altro tipo per cui la polimerizzazione molecolare che, se prolungata indefinitamente farebbe dell'organismo una cosa morta come un cristallo, è di tempo in tempo interrotta.

L'applicazione dei metodi e delle idee della fisica ha fatto fare grandi progressi in molti altri campi della biologia. Esempi significativi sono le recenti scoperte sulla struttura fine dei muscoli e relative al trasporto di materiali nell'attività dei nervi. Queste scoperte non solo aumentano la nostra conoscenza degli organismi, ma fanno intravvedere meccanismi fisici sfuggiti fino a questo momento alla nostra indagine. In genetica i primi studi di Timofeev-Rossovskij, Zimmer e Delbrück sulle mutazioni prodotte dalla radiazione penetrante permisero di fare le prime valutazioni approssimate dell'estensione spaziale critica per la stabilità dei geni all'interno dei cromosomi. Una svolta fondamentale in questo campo si ebbe però circa dieci anni fa con la geniale proposta di Crick e Watson per l'interpretazione della struttura delle molecole del DNA (acido deossiribonucleico). Ricordo molto bene che, parlandomi di questa scoperta, Delbrück disse che essa avrebbe potuto portare in microbiologia a una rivoluzione confrontabile con lo sviluppo della fisica atomica iniziato da Rutherford col modello nucleare dell'atomo.

A questo riguardo posso anche aggiungere che Christian Anfinsen nel suo discorso tenuto in un simposio a Copenaghen alcuni anni fa ebbe a dire che insieme ai suoi colleghi si era fino ad allora considerato un sapiente genetista e biochimico, ma che ora tutti si sentivano come dilettanti alla ricerca di qualche legame tra dati biochimici piú o meno separati. La situazione che descriveva è infatti molto simile a quella in cui vennero a trovarsi i fisici con la scoperta del nucleo atomico, che completò la conoscenza dell'atomo in misura insospettata spingendoli a trovare come poteva venire impiegata per ordinare l'informazione accumulata sulle proprietà chimiche e fisiche della materia. Com'è noto, questo scopo fu largamente raggiunto in pochi decenni con la cooperazione di un'intera generazione di fisici, cooperazione che in intensità e in ampiezza ricorda quella cui si assiste oggi in genetica e in biologia molecolare.

Prima di concludere vorrei richiamare brevemente l'attenzione sulla conoscenza biologica che si può ricavare dall'esperienza psichica. Non occorre che io sottolinei che il termine coscienza si presenta nella descrizione di comportamenti cosí complicati da rendere necessario, per la loro comunicazione, un riferimento alla consapevolezza di sé stesso posseduta dall'organismo individuale. Inoltre parole come *pensiero* e *sentimento* fanno riferimento a esperienze mutuamente escludentisi e sono perciò state usate fin dalle origini del linguaggio in modo tipicamente complementare. Naturalmente nella descrizione fisica oggettiva nessun riferimento vien fatto al soggetto che osserva, mentre parlando dell'esperienza cosciente diciamo "io penso" e "io sento". L'analogia con l'esigenza in fisica quantistica di tener conto di tutti gli aspetti essenziali del dispositivo sperimentale è tuttavia riflessa nei diversi verbi associati al pronome.

Il fatto che ogni cosa giunta alla nostra coscienza possa essere ricordata fa ritenere che una traccia permanente venga lasciata nell'organismo. Naturalmente qui interessano soltanto esperienze nuove, importanti per l'azione o la meditazione. Cosí noi siamo di solito inconsapevoli della nostra respirazione e del battito del cuore e appena consapevoli del lavoro dei nostri muscoli e ossa nel movimento degli arti. Tuttavia nel ricevere impressioni sensoriali, a cui reagiamo subito o piú tardi, alcune modificazioni irreversibili hanno luogo nel sistema nervoso. Senza entrare in una piú o meno ingenua descrizione della localizzazione e dell'integrazione delle attività del cervello, rileverò solo che è interessante l'idea di confrontare quest'adattamento con processi irreversibili che ripristinano la stabilità nella nuova situazione. Naturalmente solo la possibilità di questi processi è ereditaria e non le loro tracce concrete, permettendo cosí alle nuove generazioni di rimanere sgombre dalla storia del pensiero, per quanto utile questa possa essere per la loro educazione.

13.

La nascita e lo sviluppo della teoria del nucleo atomico

1961

1. La prima volta che ebbi la grande ventura di ascoltare Ernest Rutherford fu nell'autunno del 1911 quando, finiti i miei studi universitari a Copenaghen, stavo lavorando a Cambridge con J. J. Thomson, e Rutherford venne da Manchester per parlare al pranzo annuale dell'Istituto Cavendish. Benché in quell'occasione non abbia avuto alcun contatto personale con Rutherford, fui profondamente impressionato dal fascino e dalla forza della sua personalità, che gli permetteva di raggiungere quasi l'impossibile in tutti i lavori intrapresi. Il pranzo si svolse in un'atmosfera cordialissima e molti dei colleghi di Rutherford ne approfittarono per raccontare alcuni dei tanti aneddoti che già andavano associati al suo nome. A illustrazione dell'intensità con cui la ricerca poteva assorbirlo, fu riferito tra l'altro che un assistente di laboratorio del Cavendish aveva notato che, fra i tanti giovani e appassionati fisici che erano passati per il famoso laboratorio, Rutherford eccelleva nell'inveire all'occorrenza contro i suoi strumenti.

Del discorso di Rutherford ricordo particolarmente il calore con cui salutò l'ultimo successo del suo vecchio amico C. T. R. Wilson, il quale con il geniale metodo della camera a nebbia aveva ottenuto le prime fotografie di tracce di particelle alfa in cui si vedevano casi chiarissimi di brusche deflessioni rispetto al normale cammino rettilineo. Naturalmente a Rutherford era ormai familiare questo fenomeno, che solo pochi mesi prima lo aveva condotto a quella scoperta del nucleo atomico con cui aveva inizio una nuova epoca, ma ammise essere per lui una sorpresa che gli procurava estremo piacere il fatto che ora si potessero seguire direttamente con gli occhi simili particolari della vita di una particella alfa. A questo proposito Rutherford parlò con ammirazione della tenacia con cui Wilson già quando erano insieme al Cavendish perfezionava sempre piú gli strumenti con cui studiava la formazione delle nubi. Come piú tardi Wilson ebbe a dirmi, il suo interesse a questo bellissimo fenomeno si era destato al tempo della sua giovinezza, assistendo alla comparsa e scomparsa delle nebbie quando le correnti d'aria ascendevano le montagne della Scozia e poi ridiscendevano a valle.

Alcune settimane dopo la riunione al Cavendish mi recai a Manchester a trovare un collega di mio padre, intimo amico di Rutherford. Là ebbi l'occasione di rivedere Rutherford, che nel frattempo aveva partecipato al convegno inaugurale del Consiglio Solvay a Bruxelles e vi aveva incontrato per la prima volta Planck ed Einstein. Durante la conversazione, in cui Rutherford parlò con il suo caratteristico entusiasmo delle nuove prospettive che si aprivano alla fisica, egli assentí gentilmente al mio desiderio di associarmi al gruppo che lavorava nel suo laboratorio, quando nella primavera del 1912, avessi terminato i miei studi a Cambridge, dove mi ero molto interessato alle originali idee di J. J. Thomson sulla costituzione elettronica degli atomi.

In quel tempo molti giovani fisici di vari paesi si erano riuniti attorno a Rutherford, attratti dal suo genio di fisico e dalle sue qualità uniche di organizzatore della ricerca. Benché fosse sempre intensamente occupato dal suo lavoro, egli ascoltava con pazienza ogni giovane che si presentasse con un'idea anche modesta. Al tempo stesso, col suo carattere indipendente, aveva un rispetto molto moderato per l'autorità e non sopportava quello che chiamava "parlar pomposo". In simili occasioni parlava talvolta in tono burlesco anche di rispettabili colleghi, ma per il resto non si permise mai di entrare in controversie personali e usava dire: "C'è solo una persona che può compromettere il nostro buon nome, e siamo noi stessi."

Naturalmente tutto il gruppo di Manchester era occupato a trarre tutte le possibili conseguenze dalla scoperta del nucleo atomico. Nelle prime settimane seguii, su consiglio di Rutherford, un corso introduttivo sui metodi sperimentali di ricerca in radioattività, organizzato a beneficio degli studenti e dei nuovi ospiti sotto la direzione di Geiger, Makower e Marsden. Tuttavia fui presto assorbito dalle implicazioni teoriche generali del nuovo modello atomico e in particolare dalla possibilità che offriva di distinguere nettamente, quanto alle proprietà fisiche e chimiche della materia, tra quelle legate direttamente al nucleo e quelle dipendenti principalmente dalla distribuzione degli elettroni a esso legati a distanze molto grandi in rapporto alle dimensioni del nucleo.

Mentre la spiegazione delle disintegrazioni radioattive andava cercata nella costituzione del nucleo, era evidente che le ordinarie caratteristiche fisiche e chimiche degli elementi manifestavano proprietà del circostante sistema di elettroni. Era chiaro anche che, a causa del grande valore della massa del nucleo e della sua estensione ridotta rispetto a quella dell'intero atomo, la costituzione del sistema elettronico doveva dipendere quasi esclusivamente dalla carica elettrica totale del nucleo. Queste considerazioni suggerivano immediatamente la possibilità di basare la descrizione delle proprietà fisiche e chimiche di ogni elemento su un solo numero intero, noto ora come numero atomico ed esprimente la carica nucleare come multiplo dell'unità elementare di carica elettrica.

Nello sviluppo di queste idee ero incoraggiato non poco dalle discussioni con George Hevesy che nel gruppo di Manchester si distingueva per le sue notevoli conoscenze di chimica. In particolare egli aveva concepito già nel 1911 il metodo ingegnoso dei traccianti che è poi diventato un cosí potente strumento di ricerca in chimica e in biologia. Come Hevesy stesso ha molto coloritamente raccontato, egli giunse a questo metodo attraverso i risultati negativi di un complesso lavoro intrapreso in risposta a una sfida di Rutherford. Questi gli aveva detto che "se valeva il sale che mangiava" avrebbe dovuto rendersi utile separando il radio D dalla massa di cloruro di piombo estratto dalla pechblenda regalata a Rutherford dal governo austriaco.

Le mie idee assunsero forma piú definita in seguito alle conversazioni con Hevesy sulla magnifica avventura di quegli anni in cui Rutherford e i suoi collaboratori a Montreal e a Manchester, dopo le scoperte di Becquerel e di Madame Curie, avevano edificato la scienza della radioattività districando progressivamente le concatenazioni delle disintegrazioni radioattive. Cosí quando appresi che il numero degli elementi stabili e instabili già identificati eccedeva quello dei posti disponibili nella ben nota tavola di Mendeleev, mi colpí il fatto che queste sostanze chimicamente non separabili, sulla cui esistenza Soddy aveva già richiamato l'attenzione e che piú tardi furono da lui chiamate "isotopi", possedevano la stessa carica nucleare e differivano solo per la massa e per la struttura intrinseca del nucleo. La conclusione immediata che si traeva era che in seguito al decadimento radioattivo l'elemento, del tutto indipendentemente da qualunque variazione di peso atomico, si sposta nella tavola periodica di due caselle all'indietro o di una in avanti in corrispondenza alla diminuzione o all'aumento della carica nucleare che accompagna rispettivamente l'emissione alfa o beta.

Quando mi rivolsi a Rutherford per conoscere le sue impressioni intorno a queste idee, egli, come sempre, espresse vivo interesse in ogni promettente semplificazione, ma mi mise in guardia con la cautela che gli era propria contro le possibili sopravvalutazioni del modello atomico e le estrapolazioni di dati sperimentali relativamente scarsi. Tuttavia queste idee, probabilmente suscitate da varie cause, erano a quel tempo vivacemente discusse nell'ambito del gruppo di Manchester e i dati a loro sostegno andavano rapidamente accumulandosi soprattutto a opera delle ricerche chimiche di Hevesy e di Russell.

In particolare, un forte argomento in favore dell'idea del numero atomico come quello che determina le proprietà fisiche generali degli elementi fu apportato dalle indagini spettroscopiche di Russell e Rossi sulle miscele di ionio e torio, che rivelarono l'identità degli spettri ottici di queste due sostanze, diverse per proprietà radioattive e peso atomico. Sulla base di un'analisi di tutti i dati esistenti, la connessione tra i processi radioattivi e le variazioni del numero atomico fu sostenuta da Russell in un discorso alla Società di Chimica verso la fine dell'autunno del 1912.

A questo riguardo è interessante notare che quando dopo altre ricerche, dovute soprattutto a Fleck, la legge dello spostamento radioattivo fu enunciata nella sua forma completa pochi mesi dopo da Soddy a Glasgow e da Fajans a Karlsruhe, questi autori non avevano riconosciuto la sua stretta relazione con il modello atomico di Rutherford. Fajans considerava anzi il cambiamento delle proprietà chimiche, evidentemente connesso con la costituzione elettronica degli atomi, come un forte argomento contro un modello secondo il quale sia i raggi alfa che i raggi beta hanno origine nel nucleo. Circa lo stesso tempo l'idea del numero atomico fu introdotta indipendentemente da van den Broek ad Amsterdam, ma nella sua classificazione degli elementi veniva ancora attribuita una diversa carica nucleare a ogni sostanza stabile o radioattiva.

Fin qui oggetto primario delle discussioni del gruppo di Manchester erano state le conseguenze immediate della scoperta del nucleo atomico. Il programma generale d'interpretare l'esperienza accumulata intorno alle proprietà fisiche e chimiche ordinarie della materia sulla base del modello di Rutherford presentava problemi molto intricati, che si sarebbero a grado a grado chiariti negli anni successivi. Nel 1912 si poteva sperare solo in un orientamento preliminare sugli aspetti generali della situazione.

Fin dal primo momento fu evidente che sulla base del modello di Rutherford la stabilità tipica dei sistemi atomici non avrebbe potuto in alcun modo essere conciliata con i princípi classici della meccanica e dell'elettrodinamica. Infatti secondo la meccanica newtoniana nessun sistema di cariche puntiformi ammette una configurazione di equilibrio statico stabile e ogni movimento degli elettroni intorno al nucleo causerebbe, in base all'elettrodinamica di Maxwell, una dissipazione di energia per irraggiamento e conseguentemente una contrazione continua del sistema fino a ridurlo a dimensioni molto minori di quelle dell'atomo.

Eppure una situazione simile non sorprendeva neppure troppo, poiché una limitazione essenziale delle teorie classiche era già stata rivelata da Planck nel 1900 con la scoperta del quanto universale d'azione, che, in particolar modo per merito di Einstein, aveva trovato applicazioni molto promettenti nella spiegazione dei calori specifici e delle reazioni fotochimiche. Indipendentemente dai nuovi dati sulla struttura dell'atomo, vi era perciò un convincimento diffuso che i concetti quantistici avrebbero potuto avere un peso decisivo nella soluzione di tutto il problema della costituzione atomica della materia.

Cosí, come venni a sapere piú tardi, A. Haas nel 1910 aveva tentato, sulla base del modello dell'atomo di Thomson, di stabilire dimensioni e periodi dei moti elettronici per mezzo della relazione di Planck fra l'energia e la frequenza di un oscillatore armonico. Inoltre J. Nicholson nel 1912 aveva fatto uso della quantizzazione dei momenti angolari nelle sue indagini sull'origine di certe righe negli spettri della corona solare e delle nebulose stellari. Ma soprattutto va ricordato che, seguendo precedenti idee di Nernst sulle rotazioni quantizzate delle molecole, Niels Bjerrum già nel 1912 aveva predetto la struttura a bande delle righe di assorbimento dei gas biatomici nell'infrarosso, facendo cosí un primo passo verso quella particolareggiata analisi degli spettri molecolari realizzata poi sulla base dell'interpretazione della legge generale di combinazione degli spettri data dalla teoria dei quanti.

All'inizio del mio soggiorno a Manchester, nella primavera del 1912, mi convinsi fermamente che la costituzione elettronica dell'atomo di Rutherford doveva essere completamente governata dal quanto d'azione. Sostegno a questa idea non veniva solo dal fatto che la relazione di Planck poteva essere con buona approssimazione applicata agli elettroni meno legati, connessi con le proprietà chimiche e ottiche degli elementi, ma anche e particolarmente dall'esistenza di relazioni simili per gli elettroni legati piú fortemente rivelata dalla caratteristica radiazione penetrante scoperta da Barkla. Cosí, le misure, eseguite da Whiddington quando io ero a Cambridge, dell'energia necessaria per produrre la radiazione di Barkla mediante bombardamento dei vari elementi con elettroni mostravano regolarità semplici, del tipo che ci si poteva aspettare in base alla stima dell'energia di legame massimo per un elettrone rotante su un'orbita di Planck intorno a un nucleo con carica uguale al numero atomico. Dalla commemorazione di Rutherford fatta da Lawrence Bragg, e recentemente pubblicata, ho appreso con molto interesse che William Bragg, che allora si trovava a Leeds, nel suo primo studio sugli spettri dei raggi X, basato sulla scoperta fatta da Laue nel 1912, era già perfettamente consapevole del significato dei risultati di Whiddington in relazione alla connessione tra la radiazione di Barkla e l'ordinamento degli elementi nella tavola di Mendeleev, problema questo che doveva trovare completa soluzione attraverso il lavoro di Moseley a Manchester.

Nell'ultimo mese della mia permanenza a Manchester mi occupai prevalentemente di uno studio teorico sull'assorbimento dei raggi alfa e beta nella materia. Questo problema, che era stato discusso per la prima volta da J. J. Thomson dal punto di vista del suo modello dell'atomo, era stato da poco ripreso da Darwin sulla base del modello di Rutherford. In connessione con le sopra menzionate considerazioni intorno alle frequenze degli elettroni legati nell'atomo, mi sembrò che il trasferimento di energia dalle particelle agli elettroni potesse venire trattato semplicemente in analogia con la dispersione e l'assorbimento della radiazione. In questo modo fu possibile interpretare i risultati delle misure sul potere di assorbimento come ulteriori argomenti in favore dell'attribuzione all'idrogeno e all'elio dei numeri atomici 1 e 2 rispettivamente, in conformità con le esperienze chimiche e in particolare con la dimostrazione di Rutherford e Royd della formazione di elio gassoso quando si raccolgono le particelle alfa uscenti da un tubo di emanazione dalle pareti sottili. Anche nel caso piú complicato di sostanze piú pesanti, veniva stabilito un accordo approssimato con i numeri atomici attesi e con i valori stimati per le energie di legame degli elettroni, ma i metodi teorici erano troppo primitivi per poter dare risultati piú accurati. Com'è noto, una trattazione adeguata del problema con i metodi della meccanica quantistica è stata fatta per la prima volta nel 1930 da Hans Bethe.

Benché a quel tempo fosse molto occupato nella preparazione del suo grande trattato, *Radioactive Substances and Their Radiations*, Rutherford seguiva con costante interesse il mio lavoro, ed ebbi cosí l'occasione di sperimentare quanta attenzione dedicasse alle pubblicazioni dei suoi allievi. Rientrato in Danimarca, mi sposai nell'estate del 1912 e in agosto, durante il nostro viaggio di nozze in Inghilterra e in Scozia, mia moglie e io passammo per Manchester per visitare Rutherford e per lasciargli il manoscritto definitivo del mio lavoro sui problemi di assorbimento. Rutherford e sua moglie ci accolsero con una cordialità che pose le basi dell'intima amicizia che legò per tutti gli anni successivi le nostre famiglie.

2. Dalla Danimarca rimasi in stretto contatto con Rutherford, al quale regolarmente scrivevo intorno agli sviluppi del lavoro sui problemi generali dell'atomo, cominciato a Manchester. Caratteristiche delle risposte di Rutherford, sempre molto incoraggianti, erano la spontaneità e la gioia con cui parlava del lavoro nel suo laboratorio. Fu infatti l'inizio di una corrispondenza che doveva durare piú di 25 anni e che ravviva in me, ogni volta che la rileggo, il ricordo dell'entusiasmo di Rutherford per i progressi nel campo da lui aperto e del suo caldo interesse per gli sforzi di chiunque cercasse di contribuirvi.

Le mie lettere dell'autunno del 1912 riguardavano i tentativi di scoprire la parte occupata dal quanto d'azione nella costituzione elettronica dell'atomo di Rutherford, inclusi i problemi dei legami molecolari e gli effetti radiativi e magnetici. Ma soprattutto le questioni di stabilità presentavano in tutte queste considerazioni difficoltà che stimolavano alla ricerca di basi piú consistenti. Dopo vari tentativi di applicare le idee quantistiche in un modo piú coerente, mi colpí, all'inizio della primavera del 1913, il fatto che una chiave del problema della stabilità atomica, direttamente applicabile all'atomo di Rutherford, era offerta dalle leggi particolarmente semplici che governano gli spettri ottici degli elementi.

Sulla base delle misure estremamente accurate delle lunghezze d'onda delle righe spettrali fatte da Rowland e da altri e dopo i contributi di Balmer e di Schuster, che fu il predecessore di Rutherford nella cattedra di Manchester, le leggi spettrali generali erano state genialmente chiarite da Rydberg. Il principale risultato dell'analisi completa delle serie piú importanti negli spettri di righe e delle loro mutue relazioni fu il riconoscimento che la frequenza ν di ogni riga nello spettro di un dato elemento può venire rappresentata con una precisione senza precedenti come $\nu = T' - T''$, dove T' e T'' sono due di un insieme di termini spettrali T caratteristici dell'elemento.

Questa fondamentale legge di combinazione sfuggiva ovviamente a ogni interpretazione meccanica ordinaria ed è interessante richiamare come a questo proposito Lord Rayleigh avesse sottolineato il fatto che qualunque relazione generale tra le frequenze dei modi normali di vibrazione di un modello meccanico avrebbe dovuto essere quadratica e non lineare nelle frequenze. Per l'atomo di Rutherford non potevamo attenderci nemmeno uno spettro di righe, poiché in base all'elettrodinamica ordinaria le frequenze di radiazione associate al moto elettronico dovrebbero variare con continuità a causa dell'irraggiamento. Era perciò naturale tentare l'interpretazione degli spettri direttamente sulla base della legge di combinazione.

Infatti, accettando l'idea di Einstein dei quanti di luce, o fotoni, di energia $h\nu$, dove h è la costante di Planck, si era indotti a supporre che ogni emissione o assorbimento di radiazione da parte dell'atomo fosse un processo individuale accompagnato da un trasferimento di energia $h(T'-T'')$, e a interpretare hT come l'energia di legame degli elettroni in uno stato stabile, o stazionario, dell'atomo. In particolare questa ipotesi permetteva di spiegare immediatamente la comparsa apparentemente capricciosa delle righe di emissione e di assorbimento negli spettri di righe. Cosí un processo di emissione dovrebbe corrispondere alla transizione dell'atomo da un livello di energia piú alto a uno piú basso e uno di assorbimento al passaggio dell'atomo dallo stato fondamentale, di energia minima, a uno dei suoi stati eccitati.

Nel caso piú semplice, quello dello spettro dell'idrogeno, i termini sono dati con grande accuratezza da $T_n = R/n^2$, dove n è un numero intero e R la costante di Rydberg. Cosí, l'interpretazione data conduceva a una successione di valori decrescenti per l'energia di legame dell'elettrone nell'atomo d'idrogeno, rendendo naturale l'ipotesi di un processo a scalini mediante il quale l'elettrone, originariamente a grande distanza dal nucleo, passa con transizioni radiative a stati stazionari sempre piú fortemente legati, caratterizzati da valori decrescenti di n, fino a raggiungere lo stato fondamentale che corrisponde a $n=1$. Il confronto dell'energia di legame in questo stato con quella di un elettrone mobile su un'orbita kepleriana intorno al nucleo portava inoltre a dimensioni orbitali dello stesso ordine delle dimensioni atomiche dedotte dalle proprietà dei gas.

Sulla base del modello atomico di Rutherford questa linea di pensiero suggeriva immediatamente una spiegazione della comparsa della costante di Rydberg negli spettri piú complicati degli altri elementi. Se ne inferiva cioè l'esistenza di processi di transizione a stati eccitati dell'atomo in cui uno degli elettroni si porta fuori dalla regione occupata da tutti gli altri elettroni e viene perciò a trovarsi in un campo di forze simile a quello prodotto da una carica unitaria.

Il voler stabilire una relazione piú stretta tra il modello di Rutherford e i dati spettroscopici sollevava evidentemente problemi assai intricati. Da un lato le definizioni stesse della carica e della massa dell'elettrone e del nucleo riposavano interamente sull'analisi dei fenomeni fisici in termini di princípi della meccanica classica e dell'elettromagnetismo. Dall'altro il cosiddetto postulato dei quanti, secondo il quale ogni variazione dell'energia interna di un atomo è connessa a una transizione completa tra due stati stazionari, escludeva la possibilità di spiegare i processi radiativi e ogni altra reazione involvente la stabilità dell'atomo in base a princípi classici.

Come oggi sappiamo la soluzione di questi problemi richiese lo sviluppo di un formalismo matematico, la cui corretta interpretazione ha comportato una revisione radicale delle basi dell'uso rigoroso di concetti fisici elementari e il riconoscimento di relazioni di complementarità tra fenomeni osservati in diverse condizioni sperimentali. Pure, qualche progresso poté essere fatto anche a quel tempo utilizzando, per classificare gli stati stazionari, descrizioni fisiche classiche basate sulle ipotesi originali di Planck relative agli stati energetici di un oscillatore armonico. In particolare soprattutto agli inizi risultò utile il confronto tra un oscillatore di frequenza assegnata e il moto kepleriano di un elettrone rotante intorno a un nucleo con una frequenza dipendente dall'energia di legame.

Infatti, come nel caso dell'oscillatore armonico, un semplice calcolo mostrava che per ogni stato stazionario dell'atomo d'idrogeno l'azione integrata su un periodo orbitale poteva venire uguagliata a nh, condizione che nel caso delle orbite circolari equivale alla quantizzazione del momento angolare in unità $h/2\pi$. Questa identificazione portava a determinare la costante di Rydberg in termini della carica e della massa dell'elettrone e della costante di Planck secondo la formula

$$R = 2\pi^2 me^4/h^3,$$

che fu trovata in accordo con il valore empirico entro l'accuratezza delle misure di e, m e h.

Benché quest'accordo offrisse un'indicazione per la validità dell'impiego di modelli meccanici nella descrizione degli stati stazionari, evidentemente persistevano le difficoltà implicite in qualunque combinazione delle idee quantistiche con i princípi della meccanica ordinaria. Era perciò rassicurante il fatto che la trattazione globale dei problemi spettrali rispettasse il naturale requisito d'includere la descrizione classica nel limite in cui l'azione in giuoco fosse abbastanza grande da consentire di trascurare il quanto individuale. Questa osservazione era infatti la prima indicazione del cosiddetto principio di corrispondenza, mirante a rappresentare la descrizione essenzialmente statistica della fisica quantistica come una generalizzazione razionale della descrizione classica.

Cosí, nell'elettrodinamica ordinaria la composizione della radiazione emessa da un sistema di elettroni dovrebbe essere determinata dalle frequenze e dalle ampiezze delle oscillazioni armoniche in cui il moto del sistema può venire analizzato. Naturalmente nessuna relazione cosí semplice sussiste tra il moto kepleriano di un elettrone intorno a un nucleo pesante e la radiazione emessa nelle transizioni tra stati stazionari. Tuttavia nel caso limite di transizioni tra stati per i quali i valori di *n* sono grandi rispetto alla loro differenza, si poté mostrare che le frequenze delle componenti della radiazione emessa nei processi casuali di transizione coincidono asintoticamente con quelle delle componenti armoniche del moto dell'elettrone. Inoltre il fatto che in un'orbita kepleriana in luogo di un'oscillazione armonica semplice, vi compaiano non solo la frequenza di rivoluzione ma anche armoniche piú alte, forní l'analogo classico della combinazione dei termini dello spettro dell'idrogeno.

Tuttavia la dimostrazione definitiva della connessione tra il modello di Rutherford e i dati sperimentali relativi agli spettri fu ancora per qualche tempo impedita da una circostanza peculiare. Già vent'anni prima Pickering aveva osservato nello spettro di alcune stelle lontane una serie di righe le cui lunghezze d'onda presentano una stretta relazione numerica con lo spettro ordinario dell'idrogeno. Queste righe venivano perciò attribuite in generale all'idrogeno e anzi Rydberg osservava che in tal modo veniva rimosso l'apparente contrasto tra la semplicità dello spettro dell'idrogeno e la complessità degli spettri di altri elementi come i metalli alcalini, che piú si avvicinano a quello dell'idrogeno. Questa opinione era condivisa anche dall'eminente spettroscopista A. Fowler, che proprio a quel tempo in esperimenti di laboratorio con scariche in una miscela d'idrogeno ed elio gassosi aveva osservato le righe di Pickering e nuove serie spettrali a esse connesse.

Tuttavia le righe di Pickering e di Fowler non potevano venire incluse nella formula di Rydberg per lo spettro dell'idrogeno a meno di assegnare a n nell'espressione dei termini spettrali anche valori semiinteri; ma questa ipotesi avrebbe in modo evidente distrutto la tendenza asintotica alla relazione classica fra enérgie e frequenze spettrali. D'altra parte questa corrispondenza sarebbe ristabilita per lo spettro di un sistema consistente di un elettrone legato a un nucleo di carica Ze, i cui stati stazionari fossero determinati dal valore nh dell'integrale d'azione. Infatti i termini spettrali sarebbero dati da Z^2R/n^2 e per $Z=2$ si otterrebbe lo stesso risultato fornito dall'introduzione di valori semiinteri per n nella formula di Rydberg. Venne cosí naturale attribuire le righe in questione all'elio ionizzato dalla forte agitazione termica esistente nelle stelle e nelle scariche intense usate da Fowler. La conferma di questa conclusione rappresentò il primo passo verso la determinazione, sulla base del modello di Rutherford, di relazioni quantitative tra le proprietà di elementi diversi.

3. Quando nel marzo del 1913 inviai a Rutherford un abbozzo del mio primo lavoro sulla teoria quantistica della costituzione atomica, sottolineai l'importanza di definire la questione dell'origine delle righe di Pickering e colsi l'occasione per chiedergli se potessero venire effettuati esperimenti a questo riguardo nel suo laboratorio, nel quale mi risultava esistere fin dai tempi di Schuster un'attrezzatura spettroscopica adeguata. Ricevetti una pronta risposta, cosí tipica dell'acuto giudizio scientifico e dell'umana condiscendenza di Rutherford da meritare senza dubbio di essere citata per esteso:

"Caro dottor Bohr,

ho ricevuto il Suo lavoro e l'ho letto con grande interesse, ma mi riservo di rivederlo con cura non appena ne avrò il tempo. Le

Sue idee sull'origine dello spettro dell'idrogeno sono molto ingegnose e sembrano funzionare bene; ma la mescolanza delle idee di Planck con la vecchia meccanica consente molto difficilmente di formarsi un'idea fisica della base di tutto il discorso. Mi sembra ci sia una grave difficoltà nelle Sue ipotesi, che non penso affatto Le sia sfuggita: come fa un elettrone a decidere con quale frequenza deve vibrare quando passa da uno stato stazionario all'altro? Sembra che si debba supporre che l'elettrone sappia in partenza dove andrà a finire.

C'è poi una critica di minor conto che farei sulla stesura del lavoro. Penso che nello sforzo di risultare chiaro Lei abbia la tendenza a scrivere troppo e a ripetere i concetti in piú punti del lavoro. Penso che questo andrebbe effettivamente abbreviato, e che possa esserlo senza alcun sacrificio della chiarezza. Forse Lei non considera abbastanza il fatto che i lavori lunghi hanno la proprietà di spaventare il lettore, che teme di non avere tempo a sufficienza per immergervisi.

Leggerò molto attentamente il Suo lavoro e Le farò sapere che cosa penso dei particolari. Sarò molto lieto di inviarlo al 'Philosophical Magazine', ma lo sarei di piú se il Suo volume potesse venire ridotto a una giusta misura. A parte ciò intendo effettuare alcune necessarie correzioni relative alla lingua inglese.

Mi farà sempre molto piacere ricevere altri Suoi lavori, ma Le raccomando di tenere a mente il mio consiglio e di farli piú brevi che può, compatibilmente con la chiarezza. Sono lieto di sentire che verrà in Inghilterra e sarò contento di rivederLa a Manchester.

Per inciso Le dirò che sono stato molto interessato dalle Sue speculazioni sullo spettro di Fowler. Ne ho parlato a Evans che ne fu egualmente interessato e penso che lui possa tentare qualche esperimento al riguardo quando tornerà per il prossimo semestre. Il lavoro in generale procede bene, ma al momento sono fermo a una difficoltà: la massa delle particelle alfa risulta maggiore di quella che dovrebbe essere. Se corretto, è un risultato di tale importanza che non potrò pubblicarlo fino a quando non sarò sicuro di me stesso su ogni punto. Gli esperimenti richiedono molto tempo e devono essere eseguiti con grande precisione.

Cordialmente Suo Ernest Rutherford

20 marzo 1913

PS. Suppongo che non avrà obiezioni a che io tagli tutto quanto nel Suo lavoro mi sembrasse non necessario. Mi faccia sapere qualcosa in proposito."

La prima osservazione di Rutherford era certo molto pertinente e toccava un punto che sarebbe stato al centro di tutte le successive prolungate discussioni. Il mio punto di vista a quel tempo, come ebbi occasione di esporre a un convegno della Società danese di Fisica nell'ottobre del 1913, era che proprio l'allontanamento radicale dagli usuali requisiti di una spiegazione fisica implicito nel postulato dei quanti avrebbe di per sé dovuto lasciare spazio sufficiente per la possibilità di includere col tempo le nuove ipotesi in uno schema logicamente coerente. In connessione con l'osservazione di Rutherford è particolarmente interessante ricordare che Einstein, nel suo famoso lavoro del 1917 sulla deduzione della formula di Planck della radiazione termica, partí dalla stessa idea sull'origine degli spettri e sottolineò l'analogia tra le leggi statistiche valide per i processi radiativi spontanei e la legge fondamentale del decadimento radioattivo formulata da Rutherford e Soddy nel 1903. Infatti questa legge, che a essi permise di ordinare i molteplici fenomeni della radioattività naturale allora noti, fu anche la chiave della spiegazione delle biforcazioni caratteristiche osservate piú tardi nei processi di decadimento spontaneo.

La seconda questione sollevata con tanta insistenza da Rutherford mi mise in una situazione assai imbarazzante. Infatti pochi giorni prima di ricevere la sua risposta, gli avevo spedito una versione considerevolmente ampliata del precedente manoscritto, con aggiunte concernenti principalmente la relazione tra gli spettri di emissione e di assorbimento e la corrispondenza asintotica con la fisica classica. Pensai allora che l'unico mezzo per venirne fuori fosse di partire per Manchester e di discutere direttamente con Rutherford. Benché questi fosse piú che mai occupato, dimostrò con me una pazienza angelica e dopo discussioni che durarono per alcune lunghe sere, durante le quali dichiarò che non mi avrebbe mai creduto cosí ostinato, acconsentí a lasciare nel lavoro finale tutti i punti, vecchi e nuovi. Certo, sia lo stile che il linguaggio furono migliorati in modo essenziale dall'aiuto e dal consiglio di Rutherford e spesso ho avuto occasione di pensare quanto avesse ragione di dissentire per la presentazione involuta e soprattutto le numerose ripetizioni connesse con i rinvii a lavori precedenti.

Nei mesi seguenti la discussione sull'origine delle righe spettrali attribuite all'elio ionizzato assunse toni drammatici. In primo luogo Evans riuscí a produrre le righe di Fowler con scariche in elio di purezza estrema, senza che comparisse alcuna traccia delle righe ordinarie dell'idrogeno. Tuttavia Fowler non si dichiarò convinto e sottolineava il modo spurio con cui gli spettri possono comparire nelle miscele di gas. Soprattutto poi egli notava che le sue misure molto accurate delle lunghezze d'onda delle righe di Pickering non coincidevano esattamente con quelle calcolate con la mia formula per $Z=2$. Una risposta a quest'ultimo punto però c'era, in quanto era evidente che la massa m nell'espressione della costante di Rydberg andava intesa non come la massa dell'elettrone libero, bensí come la massa ridotta $mM/(m+M)$, dove M è la massa del nucleo. Infatti, tenendo conto di questa correzione, l'accordo diventava completo. Questo risultato fu subito salutato con gioia da Fowler che colse l'occasione per far notare che anche nello spettro di altri elementi comparivano serie per le quali la costante ordinaria di Rydberg andava moltiplicata per un numero prossimo a quattro. Questi spettri, generalmente noti come spettri di scintilla, potevano ora venire attribuiti a ioni eccitati, mentre gli spettri d'arco erano dovuti ad atomi neutri eccitati.

Negli anni che seguirono l'indagine spettroscopica rivelò molti spettri di atomi dai quali erano rimossi non uno solo, ma diversi elettroni. In particolare i ben noti esperimenti di Bowen permisero di riconoscere che l'origine degli spettri nebulari discussi da Nicholson non andava ricercata in nuovi ipotetici elementi, ma in atomi di ossigeno e di azoto fortemente ionizzati. Infine s'intravvide la possibilità di pervenire, attraverso l'analisi dei processi con cui gli elettroni si legano uno dopo l'altro al nucleo, a un quadro generale dell'energia di legame di ogni elettrone nello stato fondamentale dell'atomo di Rutherford. Nel 1913 naturalmente i dati erano ancora troppo scarsi e i metodi teorici per la classificazione degli stati stazionari non sufficientemente sviluppati per consentire un'impresa cosí ambiziosa.

4. Nel frattempo il lavoro sulla costituzione elettronica dell'atomo procedeva gradualmente, e presto mi permisi di bel nuovo di chiedere aiuto e consiglio a Rutherford. Cosí nel giugno del 1913 andai a Manchester con un secondo lavoro che, oltre a continuare la discussione della legge dello spostamento radioattivo e dell'origine della radiazione di Barkla, trattava dello stato fondamentale degli atomi con piú elettroni. A questo riguardo, procedendo per tentativi, cercavo di disporre le orbite elettroniche in anelli chiusi, in analogia con la struttura a strati originariamente introdotta da J. J. Thomson nel primo tentativo di spiegare con il suo modello le periodicità della tavola di Mendeleev degli elementi.

Nel laboratorio di Rutherford incontrai in quell'occasione Hevesy e Paneth, che mi ragguagliarono sui successi delle prime ricerche sistematiche sulla solubilità del solfuro e del cromato di piombo da essi condotte a Vienna con il metodo dei traccianti. In tutti i sensi queste ripetute visite a Manchester mi stimolavano grandemente e mi permettevano di mantenere il contatto con il lavoro di laboratorio. A quel tempo, assistito da Robinson, Rutherford si occupava a fondo dell'analisi dell'emissione beta e in cooperazione con Andrade studiava gli spettri gamma. Inoltre Darwin e Moseley erano occupati in raffinati studi teorici e sperimentali sulla diffrazione dei raggi X nei cristalli.

Un'occasione speciale per rivedere Rutherford mi fu presto offerta dal congresso dell'Associazione britannica per il progresso della scienza che ebbe luogo a Birmingham nel settembre 1913. Al congresso, cui prese parte Madame Curie, vi fu in particolare una discussione generale sul problema della radiazione cui parteciparono autorità come Rayleigh, Larmor e Lorentz e in particolare Jeans che fece un discorso introduttivo sull'applicazione della teoria dei quanti al problema della costituzione atomica. La sua lucida esposizione fu in effetti la prima espressione pubblica di un serio interesse per considerazioni che al di fuori del gruppo di Manchester erano accolte ancora in generale con molto scetticismo.

Una cosa che divertí Rutherford e tutti noi fu l'osservazione di Lord Rayleigh in risposta alla solenne richiesta fattagli da Sir Joseph Larmor di esprimere la sua opinione sui recenti sviluppi. La pronta replica del grande veterano, che molti anni prima aveva contribuito in modo decisivo al chiarimento dei problemi della radiazione, fu la seguente: "Nei miei anni giovanili mi convinsi fortemente di molte cose e, tra le altre, che un uomo che abbia varcato la sessantina non dovrebbe interloquire in materia di idee nuove. Benché debba confessare che a questo riguardo oggi la mia convinzione non è piú cosí forte, la conservo forte abbastanza per non prendere parte a questa discussione!"

Durante la mia visita a Manchester in giugno avevo discusso con Darwin e Moseley il problema dei metodi per l'ordinamento degli elementi secondo il loro numero atomico e venni allora a conoscenza del piano di Moseley di affrontarlo con misure sistematiche sugli spettri di alta frequenza con il metodo di Laue-Bragg. Grazie alle doti di sperimentatore e alla straordinaria energia di Moseley, questo lavoro progredí assai rapidamente e già in novembre ricevetti da lui un'interessantissima lettera con il resoconto dei suoi importanti risultati e con alcune osservazioni sulla loro interpretazione secondo le idee che si erano rivelate applicabili agli spettri ottici.

Nella storia moderna della fisica e della chimica pochi eventi hanno subito suscitato un cosí generale interesse come la scoperta di Moseley delle semplici leggi che consentono di assegnare univocamente il numero atomico a ogni elemento in base al suo spettro di alta energia. Non solo fu subito riconosciuto il decisivo sostegno che ne veniva al modello atomico di Rutherford, ma anche l'intuizione che aveva guidato Mendeleev a scostarsi in certi punti della sua tavola dalla successione dei pesi atomici crescenti ne fu sorprendentemente illuminata. In particolare risultò evidente che le leggi di Moseley offrivano una guida sicura per la ricerca di elementi ancora non isolati, corrispondenti a posti vacanti nella successione dei numeri atomici.

Anche riguardo al problema della configurazione degli elettroni nell'atomo il lavoro di Moseley doveva avviare un importante progresso. La predominanza, nella parte piú interna dell'atomo, dell'attrazione del nucleo sui singoli elettroni rispetto alla loro mutua repulsione permise infatti di comprendere la straordinaria somiglianza tra gli spettri di Moseley e quelli attendibili da un sistema costituito da un solo elettrone legato a un nucleo nudo. Un confronto piú preciso forní nuove informazioni sulla struttura a cortecce della costituzione elettronica degli atomi.

Un importante contributo a questo problema fu presto dato da Kossel, che indicò nella rimozione di un elettrone da uno degli anelli o cortecce l'origine dei tipi K, L e M di radiazione di Barkla. In particolare egli attribuí le componenti K alfa e K beta degli spettri di Moseley a processi individuali di transizione in seguito ai quali l'elettrone mancante nella corteccia K viene sostituito da uno degli elettroni delle cortecce L ed M rispettivamente. Procedendo in questo modo, Kossel poté ricavare nuove relazioni tra i dati di Moseley sulle frequenze spettrali, che gli consentirono di rappresentare tutto lo spettro di alta frequenza di un elemento mediante uno schema di combinazioni in cui il prodotto di un termine qualunque per la costante di Planck va identificato con l'energia richiesta per estrarre un elettrone dall'atomo.

Oltre a ciò le idee di Kossel fornivano una spiegazione del fatto che l'assorbimento di radiazione penetrante di lunghezza d'onda crescente comincia praticamente con un gradino di assorbimento che rappresenta la rimozione completa in un solo atto di un elettrone da una corteccia. L'assenza di stati eccitati intermedi fu attribuita all'occupazione completa di tutte le cortecce nello stato fondamentale dell'atomo. Com'è ben noto, questa idea trovò espressione definitiva nella formulazione del principio di esclusione per gli stati legati degli elettroni da parte di Pauli nel 1924. Questo principio fu tra l'altro ispirato dalla deduzione di particolari piú fini relativi alla struttura a cortecce dell'atomo di Rutherford, fatta da Stoner partendo da un'analisi delle regolarità osservate negli spettri ottici.

5. Nell'autunno del 1913 nuova emozione tra i fisici fu prodotta dalla scoperta di Stark dell'effetto sorprendentemente grande dei campi elettrici sulla struttura delle righe dell'idrogeno. Con la sua vigile attenzione per ogni progresso nella fisica, Rutherford quando ricevette dall'Accademia di Prussia l'articolo di Stark mi scrisse immediatamente: "Penso che spetti a lei in questo momento di scrivere qualche cosa sugli effetti Zeeman ed elettrico, se è possibile conciliarli con la sua teoria." Accettando la sfida di Rutherford, pensai alla cosa e presto mi fu chiaro che gli effetti del campo elettrico e del campo magnetico costituivano due problemi molto diversi.

L'essenza delle interpretazioni di Lorentz e di Larmor del famoso effetto Zeeman, scoperto nel 1896, consisteva nell'attribuire l'origine degli spettri di righe ai moti elettronici in un modo che praticamente non dipendeva da ipotesi particolari sul meccanismo di legame degli elettroni nell'atomo. Se si attribuisce tale origine a transizioni individuali tra stati stazionari, il principio di corrispondenza conduce allora, per l'esistenza del teorema generale di Larmor, a prevedere un effetto Zeeman normale per tutte le righe emesse da elettroni legati in un campo a simmetria centrale come quello dell'atomo di Rutherford. La comparsa dei cosiddetti effetti Zeeman anomali introdusse nuovi interrogativi che poterono venire risolti solo piú di dieci anni dopo, quando la struttura complessa delle righe negli spettri di serie poté essere imputata allo spin intrinseco dell'elettrone. Una rassegna storica molto interessante di questi sviluppi, cui vennero da piú parti contributi importanti, si trova nel ben noto volume pubblicato di recente in memoria di Pauli.

Nel caso di un campo elettrico ogni effetto proporzionale all'intensità di esso sulla radiazione emessa da un oscillatore armonico doveva essere esclusa, e la scoperta di Stark eliminava perciò una volta per tutte l'idea convenzionale di vibrazioni elastiche degli elettroni come origine degli spettri di righe. Per un moto kepleriano dell'elettrone intorno al nucleo, invece, anche un campo elettrico esterno relativamente debole può, attraverso le perturbazioni secolari, produrre variazioni considerevoli nella forma e nell'orientazione dell'orbita. Attraverso lo studio di casi particolari, in cui l'orbita rimane strettamente periodica nel campo esterno, fu possibile dedurre, mediante argomenti dello stesso tipo di quelli applicati agli stati stazionari dell'atomo d'idrogeno imperturbato, l'ordine di grandezza dell'effetto Stark e in particolare spiegare il suo rapido aumento da riga a riga all'interno delle serie spettrali dell'idrogeno. Tuttavia queste considerazioni indicavano chiaramente che per un'interpretazione degli aspetti piú fini del fenomeno i metodi di classificazione degli stati stazionari dei sistemi atomici non erano ancora sufficientemente sviluppati.

Proprio a questo riguardo un notevole progresso fu realizzato negli anni che seguirono con l'introduzione dei numeri quantici che specificano le componenti dei momenti angolari e altri integrali d'azione. Questi metodi furono suggeriti per la prima volta da W. Wilson nel 1915, che li applicò alle orbite dell'atomo d'idrogeno. Tuttavia egli non poté scoprire nessun effetto fisico nuovo a causa della circostanza che in questo caso, secondo la meccanica newtoniana, ogni orbita è semplicemente periodica e ha una frequenza di rivoluzione che dipende unicamente dall'energia complessiva del sistema. A parte ciò, la dipendenza della massa dell'elettrone dalla velocità, predetta dalla nuova meccanica di Einstein, rimuove la degenerazione del moto e introduce un secondo periodo attraverso la lenta, ma continua precessione dell'afelio dell'orbita kepleriana. Come Sommerfeld mostrò con il suo famoso lavoro del 1916, la separata quantizzazione del momento angolare e dell'azione del moto radiale consente allora d'interpretare la struttura fine osservata nelle righe degli spettri dell'atomo d'idrogeno e dell'elio ionizzato. L'effetto dei campi elettrico e magnetico sullo spettro dell'idrogeno fu trattato da Sommerfeld ed Epstein che, con una magistrale applicazione dei metodi di quantizzazione dei sistemi multiperiodici, riuscirono a dedurre in accordo completo con le osservazioni i termini spettrali, la cui combinazione riproduce la risoluzione delle righe dell'idrogeno. La compatibilità di questi metodi con il principio dell'invarianza adiabatica degli stati stazionari, formulato da Ehrenfest nel 1914 per soddisfare i requisiti termodinamici, è assicurata dal fatto che secondo la meccanica classica gli integrali d'azione connessi con i numeri quantici non risultano modificati da una variazione del campo esterno lenta rispetto ai periodi caratteristici del sistema.

Ulteriore esempio della fecondità del metodo seguito venne dall'applicazione del principio di corrispondenza alla radiazione emessa dai sistemi multiperiodici, il che permise di ricavare conclusioni qualitative circa le probabilità relative dei diversi processi di transizione. Queste considerazioni ricevettero conferma anche dalla spiegazione data da Kramers delle variazioni apparentemente capricciose dell'intensità delle componenti separate nelle righe dell'idrogeno dall'effetto Stark. Fu anzi possibile, mediante il principio di corrispondenza, spiegare anche l'assenza in altri atomi di talune transizioni, oltre a quelle che erano già state escluse da Rubinowicz in base alle leggi di conservazione dell'energia e della quantità di moto applicate alla reazione tra atomo e radiazione.

Grazie al rapido accumularsi dei dati sulla struttura degli spettri ottici piú complessi e alla ricerca metodica delle piú sottili regolarità negli spettri di alta frequenza effettuata da Siegbahn e dai suoi collaboratori, la classificazione degli stati legati negli atomi con piú elettroni progrediva continuamente. In particolare lo studio del modo con cui gli stati fondamentali degli atomi possono venire realizzati, attraverso il ripetuto e successivo legame di elettroni ai nuclei, portò a un graduale chiarimento della struttura a cortecce della configurazione elettronica. Cosí, benché un elemento essenziale come lo spin dell'elettrone fosse ancora sconosciuto, fu possibile dare in un decennio circa dalla scoperta del nucleo fatta da Rutherford un'interpretazione sommaria di molte delle piú importanti periodicità della tavola di Mendeleev.

L'intero procedimento era però ancora troppo semiempirico, e presto fu chiaro che per dare una spiegazione esauriente delle proprietà fisiche e chimiche degli elementi era necessario scostarsi ancora piú radicalmente dalla meccanica classica, o non sarebbe stato possibile altrimenti incorporare il postulato dei quanti in uno schema logico coerente. Su questi ben noti sviluppi avremo occasione di tornare; per il momento ritornerò ai miei ricordi su Rutherford.

6. Lo scoppio della prima guerra mondiale portò alla dissoluzione quasi completa del gruppo di Manchester, ma io ebbi la fortuna di rimanere in stretto contatto con Rutherford che nella primavera del 1914 mi aveva invitato a succedere a Darwin come lettore di Fisica matematica. Al nostro arrivo a Manchester all'inizio dell'autunno, dopo un viaggio burrascoso attorno alla Scozia, mia moglie e io fummo ricevuti molto gentilmente dai pochi vecchi amici rimasti nel laboratorio dopo la partenza dei colleghi stranieri e l'arruolamento della maggioranza dei britannici. Rutherford e sua moglie in quel momento erano ancora in America sulla via del ritorno da una visita ai loro parenti nella Nuova Zelanda e non occorre dire con che gioia e sollievo li accogliemmo tutti alcune settimane dopo a Manchester.

Rutherford fu presto assorbito da progetti militari, riguardanti soprattutto lo sviluppo di metodi acustici per la segnalazione dei sottomarini, e l'insegnamento fu quasi interamente affidato a Evans, Makover e me. Tuttavia Rutherford trovava il tempo di continuare il suo lavoro di pioniere e mostrava sempre lo stesso vivo interesse per gli sforzi dei suoi collaboratori. Quanto al problema della costituzione atomica, un nuovo impulso venne dalla pubblicazione nel 1914 dei famosi esperimenti di Franck e Hertz sull'eccitazione degli atomi per urto con elettroni.

Da un lato questi esperimenti, fatti con vapore di mercurio, fornivano un chiarissimo esempio di discontinuità nei trasferimenti di energia nei processi atomici; dall'altro, il valore dell'energia di ionizzazione degli atomi di mercurio apparentemente indicato dagli esperimenti era meno della metà del valore richiesto dall'interpretazione dello spettro del mercurio. Si era perciò indotti a pensare che la ionizzazione osservata non fosse direttamente connessa con gli urti, ma fosse dovuta a un fotoeffetto secondario prodotto sugli elettrodi dalla radiazione emessa dagli atomi di mercurio nel loro ritorno dal primo stato eccitato a quello fondamentale. Incoraggiati da Rutherford, Makover e io progettammo un esperimento per studiare questo problema e costruimmo un apparecchio di quarzo molto complicato, con molti elettrodi e griglie, valendoci dell'aiuto dell'abile soffiatore di vetro che avevamo in laboratorio, un tedesco che aveva preparato anche i sottili tubi per i raggi alfa usati da Rutherford per studiare la formazione dell'elio.

Rutherford molto liberalmente aveva ottenuto per il soffiatore il permesso di continuare il suo lavoro in Inghilterra in tempo di guerra, ma questi, con il suo temperamento non inconsueto tra gli artigiani di questa categoria, si abbandonava spesso a esplosioni di superpatriottismo e costrinse alla fine le autorità britanniche a internarlo. Cosí, quando il nostro delicato apparato fu rovinato dall'incendio del suo supporto, non fu piú possibile ricostruirlo, e quando di lí a poco Makover si arruolò come volontario, gli esperimenti furono interrotti. È appena il caso di ricordare che il problema fu risolto nel senso previsto ma del tutto indipendentemente dalle brillanti ricerche di Davis e Gauthier a New York nel 1918, e ho citato i nostri infruttuosi tentativi solo per indicare quali difficoltà si incontrassero nel lavoro a quel tempo, non molto dissimili del resto da quelle che le mogli affrontavano a casa.

Tuttavia l'ottimismo di Rutherford non veniva mai meno ed esercitava un'influenza quanto mai benefica su chi gli stava vicino. Ricordo che in occasione di un rovescio al fronte Rutherford citò la vecchia frase, attribuita a Napoleone, che parla dell'impossibilità di sconfiggere i britannici in quanto troppo stupidi per rendersi conto di avere perduto. Per me era inoltre un'esperienza estremamente piacevole e illuminante essere ammesso alle discussioni che ogni mese avvenivano in un gruppo di amici di Rutherford, tra i quali erano il filosofo Alexander, lo storico Tout, l'antropologo Elliot Smith e il chimico Chaim Weizmann, che trent'anni dopo doveva diventare il primo presidente di Israele e della cui spiccata personalità Rutherford aveva la piú alta stima.

Un colpo terribile per tutti fu il tragico annuncio della morte di Moseley, avvenuta nel 1915 durante la campagna di Gallipoli, e deplorata profondamente dalla comunità dei fisici di tutto il mondo, in particolare da Rutherford che aveva cercato invano di ottenere il trasferimento di Moseley dal fronte a compiti meno pericolosi.

Nell'estate del 1916 mia moglie e io lasciammo Manchester per tornare in Danimarca, dove ero stato designato per la cattedra di Fisica teorica, di nuova istituzione, nell'Università di Copenaghen. Nonostante le crescenti difficoltà di comunicazione, vi fu una corrispondenza continua tra Rutherford e me. Io gli riferivo sui progressi del lavoro su una rappresentazione piú generale della teoria dei quanti della struttura atomica che a quel tempo riceveva stimolo dallo sviluppo, cui accennavo prima, della classificazione degli stati stazionari. Rutherford si interessava alle notizie che potevo fornirgli dal continente e in particolare me ne richiese sul mio primo contatto personale con Sommerfeld ed Ehrenfest. Nelle sue lettere Rutherford descriveva vivamente come, a dispetto delle difficoltà crescenti e della pressione di altri obblighi, facesse sforzi per proseguire le sue ricerche in varie direzioni. Cosí, nell'autunno del

1916, Rutherford mi parlò del suo grande interesse per alcuni sorprendenti risultati relativi all'assorbimento dei raggi gamma penetranti, prodotti da tubi ad alto voltaggio che erano da poco disponibili.

Negli anni successivi Rutherford fu sempre piú assorbito dalla possibilità di produrre disintegrazioni nucleari per mezzo di raggi alfa veloci, e già in una lettera del 9 dicembre 1917 scriveva:

> "Ogni tanto trovo mezza giornata per tentare qualcuno dei miei esperimenti e ho ottenuto, penso, risultati che alla fine dovrebbero dimostrarsi di grande importanza. Desidererei che Lei fosse qui per parlare insieme della cosa. Sto rivelando e contando gli atomi piú leggeri messi in moto da particelle alfa e i risultati, credo, gettano molta luce sul carattere e sulla distribuzione delle forze vicino al nucleo. Sto anche cercando di spezzare l'atomo con questo metodo. In un caso i risultati sembrano promettenti, ma sarà necessario lavorare assai per accertarlo. Kay mi aiuta ed è diventato un esperto contatore."

Un anno dopo, il 17 novembre 1918, Rutherford annunciava nel suo stile caratteristico nuovi progressi:

> "Desidererei averLa qui per discutere il significato di alcuni miei risultati sulle collisioni dei nuclei. Ho raccolto alcuni dati piuttosto sorprendenti, io credo, ma è un lavoro pesante e lungo ricavare prove *certe* delle mie deduzioni. Contare le scintillazioni deboli è duro per occhi vecchi come i miei, ma con l'aiuto di Kay ho fatto del buon lavoro nei ritagli di tempo, durante questi quattro anni."

Nei suoi famosi lavori apparsi nel 1919 sul "Philosophical Magazine", contenenti la descrizione della sua fondamentale scoperta delle disintegrazioni nucleari controllate, Rutherford riferisce della visita a Manchester nel novembre 1918 del suo vecchio collaboratore Ernest Marsden, che era stato dimesso in Francia dal servizio militare all'atto dell'armistizio. Con la sua grande pratica di esperimenti di scintillazione acquisita a Manchester quando, in collaborazione con Geiger, eseguiva le esperienze che dovevano condurre Rutherford alla scoperta del nucleo atomico, Marsden lo aiutò a chiarire alcune apparenti anomalie nella distribuzione statistica dei protoni veloci prodotti dal bombardamento di azoto mediante raggi alfa. Da Manchester Marsden tornò nella Nuova Zelanda ai suoi impegni universitari, ma rimase sempre in stretto contatto con Rutherford.

Nel luglio 1919, quando dopo l'armistizio fu di nuovo possibile viaggiare, andai a Manchester per vedere Rutherford e conoscere i particolari della sua nuova grande scoperta delle trasmutazioni nucleari controllate, o artificiali, con cui aveva fatto nascere ciò che amava chiamare la "moderna alchimia" e che col tempo avrebbe dato origine a ben terribili conseguenze con il progredire del dominio delle forze della natura da parte dell'uomo. Rutherford a quel tempo era quasi solo nel laboratorio e, come aveva scritto, l'unico aiuto nelle sue ricerche fondamentali, a parte la breve visita di Marsden, gli veniva dal suo fedele assistente William Kay, che per la sua gentilezza e prontezza nel rendersi utile si era sempre assicurato la simpatia di tutti nel laboratorio. Durante la mia visita Rutherford mi parlò anche della decisione che aveva dovuto prendere in seguito all'offerta della cattedra del Cavendish a Cambridge, vacante dopo il ritiro di J. J. Thomson. Certamente non era stato facile per Rutherford decidere di abbandonare Manchester dopo tanti anni di cosí straordinario lavoro, ma naturalmente non poteva rifiutare di continuare l'eccezionale serie dei professori del Cavendish.

7. Fin dall'inizio Rutherford raccolse intorno a sé nel laboratorio Cavendish un folto gruppo di brillanti ricercatori. Una delle figure piú notevoli era Aston, che per molti anni aveva lavorato con J. J. Thomson e già durante la guerra aveva cominciato a sviluppare i metodi della spettroscopia di massa, che dovevano condurlo a rivelare l'esistenza di isotopi per quasi ogni elemento. Questa scoperta, che forniva una conferma del modello atomico di Rutherford delle

piú convincenti, non venne del tutto inattesa. Già nei primi tempi di Manchester si era capito che le marcate irregolarità presenti nella sequenza dei pesi atomici degli elementi ordinati secondo le loro proprietà chimiche suggerivano che, anche per gli elementi stabili, la carica nucleare verosimilmente non era in relazione univoca con la massa. In lettere che mi scriveva nel gennaio e febbraio del 1920 Rutherford esprimeva la sua soddisfazione per il lavoro di Aston, soprattutto per quanto riguardava gli isotopi del cloro che illustravano chiaramente il carattere statistico delle deviazioni dei pesi atomici chimici dai valori interi. Egli commentava poi argutamente le vivaci dispute che avvenivano nel laboratorio intorno ai meriti relativi dei diversi modelli atomici cui la scoperta di Aston dava adito.

Per la continuazione del suo lavoro pionieristico sulla costituzione e le disintegrazioni dei nuclei atomici e per l'organizzazione del grande laboratorio fu di enorme aiuto per Rutherford il ritorno di James Chadwick del vecchio gruppo di Manchester, rientrato da una lunga prigionia in Germania dove allo scoppio della guerra stava lavorando con Geiger a Berlino. Tra i collaboratori di Rutherford nei primi anni di Cambridge vi erano anche Blackett ed Ellis, entrambi provenienti da una carriera nei servizi della difesa ed Ellis avviato alla fisica da Chadwick durante la comune prigionia in Germania. Un altro vantaggio per il gruppo del Cavendish fu l'arrivo, alcuni anni piú tardi, di Kapica, che portava con sé progetti geniali, in particolare per la produzione di campi magnetici d'intensità fino a quei tempi inaudita. In questo lavoro fu assistito fin dall'inizio da John Cockcroft, che con la sua singolare combinazione di acume scientifico e tecnico doveva diventare uno dei maggiori collaboratori di Rutherford.

All'inizio Charles Darwin, le cui doti matematiche erano state di grandissimo aiuto già negli anni di Manchester, divise con Ralph Fowler la responsabilità delle attività teoriche al Cavendish. In collaborazione essi diedero a quel tempo contributi importanti alla statistica termodinamica e alle sue applicazioni ai problemi di astrofisica. Dopo la partenza di Darwin per Edimburgo il principale consigliere e insegnante teorico a Cambridge fino alla seconda guerra mondiale fu Fowler, che frattanto era diventato genero di Rutherford. Fowler non solo prese parte con entusiasmo ed energia al lavoro del laboratorio, ma trovò presto anche numerosi e dotati allievi che beneficiarono della sua ispirazione. Fra questi primeggiavano Lennard-Jones e Hartree, i quali contribuirono entrambi, ciascuno secondo proprie linee, allo sviluppo della fisica atomica e molecolare, e soprattutto Dirac, che si distinse giovanissimo per le sue doti logiche uniche.

Fin da quando avevo lasciato Manchester nel 1916 avevo cercato di trarre profitto dall'esperienza fatta nel laboratorio di Rutherford ed è con gratitudine che ricordo come fin dal primo momento Rutherford appoggiò con la massima gentilezza ed efficacia i miei sforzi per creare a Copenaghen un istituto che promovesse la piú intima collaborazione tra fisici teorici e sperimentali. Di particolare incoraggiamento fu la visita che Rutherford trovò il tempo di farci a Copenaghen già nell'autunno del 1920, quando l'edificio dell'istituto era prossimo a compimento. In segno di apprezzamento l'Università gli conferí un'onorificenza e in quell'occasione egli pronunciò un discorso assai vivo e stimolante che i presenti ricordarono a lungo.

Per l'attività del nuovo istituto fu quanto mai proficua la venuta, poco dopo la fine della guerra, del mio vecchio amico dei tempi di Manchester George Hevesy, che durante i venti e piú anni che lavorò a Copenaghen compí molte delle sue famose ricerche chimico-fisiche e biologiche, basate sul metodo degli isotopi traccianti. Un evento particolare che interessò moltissimo Rutherford fu l'applicazione del metodo di Moseley fatta da Coster e Hevesy nel 1922 alla ricerca dell'elemento mancante che ora si chiama afnio, le cui proprietà confermarono ulteriormente l'interpretazione del sistema periodico degli elementi. Un felice avvio al lavoro sperimentale fu dato da una visita, all'apertura del laboratorio, di James Franck, che nei mesi susseguenti insegnò ai collaboratori danesi la tecnica raffinata dell'eccitazione di spettri atomici mediante bombardamento con elettroni da lui ingegnosamente sviluppata insieme a Gustav Hertz. Il primo dei molti fisici teorici di rilievo che furono con noi per un periodo piú lungo fu Hans Kramers, che venne giovanissimo a Copenaghen durante la guerra e che fu d'incalcolabile aiuto per il nostro gruppo durante i dieci anni che lavorò con noi, fino a quando nel 1926 lasciò la sua posizione di docente dell'istituto per assumere la cattedra di Utrecht. Poco dopo l'arrivo di Kramers giunsero due giovani promettenti, Oscar Klein dalla Svezia e Svein Rosseland dalla Norvegia, che già nel 1920 si fecero conoscere per il meccanismo dei cosiddetti urti di seconda specie, in cui atomi eccitati passano a uno stato stazionario piú basso in seguito all'urto con elettroni che, dopo l'evento, hanno una maggiore energia cinetica. Infatti il verificarsi di questi processi è decisivo per assicurare l'equilibrio termico, analogamente a quanto succede per le transizioni radiative indotte che hanno una parte essenziale nella deduzione data da Einstein della formula di Planck della radiazione termica. La considerazione di questi urti si rivelò particolarmente importante per la spiegazione delle proprietà radiative delle atmosfere stellari, cui diede contributi fondamentali Saha che a quel tempo lavorava a Cambridge con Fowler.

Al gruppo dell'istituto di Copenaghen si associarono Pauli nel 1922 e due anni piú tardi Heisenberg, allievi entrambi di Sommerfeld e, benché molto giovani, già assai brillantemente affermati. Li avevo conosciuti, ed ero rimasto profondamente colpito dal loro talento straordinario, nell'estate del 1922, durante una visita a Gottinga che doveva iniziare una lunga e feconda cooperazione tra il gruppo che lavorava ivi sotto la guida di Born e Franck e il gruppo di Copenaghen. Fin dall'inizio la nostra stretta unione con il grande centro di Cambridge fu mantenuta attraverso le lunghe visite a Copenaghen di Darwin, Dirac, Fowler, Hartree, Mott e altri ancora.

8. Quegli anni, durante i quali una cooperazione mai vista di un'intera generazione di fisici teorici di diversi paesi creò gradino per gradino una generalizzazione logicamente coerente della meccanica

e dell'elettromagnetismo classici, sono stati talvolta descritti come l'èra eroica della fisica quantistica. Per tutti quelli che hanno seguíto questo sviluppo fu un'esperienza indimenticabile assistere al sorgere, attraverso la combinazione di diverse linee di ricerca e l'introduzione di metodi matematici appropriati, di una nuova filosofia riguardo alla comprensione dell'esperienza fisica. Molti ostacoli dovettero essere superati prima che lo scopo fosse raggiunto, ma spesso progressi decisivi furono fatti proprio dai piú giovani fra noi.

Il punto di partenza comune era il riconoscimento che nonostante il grande aiuto che l'uso della descrizione meccanica aveva offerto temporaneamente per la classificazione degli stati stazionari degli atomi, isolati o esposti a forze esterne costanti, era necessaria, come ho già detto, una revisione piú radicale. Non solo era sempre piú evidente la difficoltà di descrivere la costituzione elettronica dei composti chimici sulla base del modello di Rutherford, ma difficoltà insormontabili nascevano in ogni tentativo di spiegare nei particolari la complessità degli spettri atomici, soprattutto nel caso dello spettro d'arco dell'elio con il suo caratteristico duplice aspetto.

Il primo passo verso una formulazione piú generale del principio di corrispondenza fu fatto nella discussione del problema della dispersione ottica. Infatti la stretta relazione tra la dispersione atomica e l'assorbimento selettivo delle righe spettrali, cosí elegantemente illustrata dagli ingegnosi esperimenti di R. W. Wood e P. V. Bevan sull'assorbimento e la dispersione nei vapori alcalini, suggerí immediatamente un metodo corrispondenziale di studio. Sulla base della formulazione di Einstein delle leggi statistiche valide per le transizioni indotte dalla radiazione tra gli stati stazionari di un sistema atomico, Kramers nel 1924 riuscí a stabilire una formula dispersiva generale, contenente solo le energie di questi stati e le probabilità delle transizioni spontanee tra essi. Questa teoria, sviluppata ulteriormente da Kramers e Heisenberg, comprendeva anche nuovi effetti dispersivi, connessi con la comparsa, sotto l'influenza della radiazione, di nuove transizioni non presenti nell'atomo imperturbato e di cui un analogo è l'effetto Raman negli spettri molecolari.

Poco tempo dopo un progresso d'importanza fondamentale fu realizzato da Heisenberg, allorché nel 1925 introdusse un formalismo assai geniale in cui ogni ricorso alle descrizioni orbitali, al di fuori della corrispondenza asintotica generale, era accuratamente evitato. In quest'audace concezione le equazioni canoniche della meccanica conservano la loro forma hamiltoniana, ma le variabili coniugate sono sostituite da operatori obbedienti a un algoritmo non commutativo involvente sia la costante di Planck che il simbolo $\sqrt{-1}$. Infatti rappresentando le grandezze meccaniche mediante matrici hermitiane, i cui elementi sono associati a tutti i possibili processi di transizione tra stati stazionari, fu possibile dedurre in modo univoco le energie di questi stati e le probabilità dei processi di transizione. Questa cosiddetta meccanica quantistica, alla cui elaborazione Born e Jordan e anche Dirac diedero fin dall'inizio importanti contributi, aprí la via a una trattazione statistica coerente di molti problemi atomici che fino ad allora era stato possibile affrontare solo con metodi semiempirici.

Per il compimento di questo grande programma si dimostrò quanto mai utile e istruttiva l'enfasi originariamente posta da Hamilton sull'analogia formale tra meccanica e ottica. Cosí, osservando l'analogia tra la posizione occupata dai numeri quantici nella classificazione degli stati stazionari ricavata dalla descrizione meccanica e dal numero dei nodi nella caratterizzazione delle possibili onde stazionarie nei mezzi elastici, Louis de Broglie era già stato condotto nel 1924 a confrontare il comportamento delle particelle materiali libere con le proprietà dei fotoni. Particolarmente illuminante fu la sua dimostrazione dell'identità della velocità della particella con la velocità di gruppo di un pacchetto d'onde, le cui componenti hanno lunghezze d'onda contenute in un breve intervallo. Ognuna di queste lunghezze d'onda è legata a un valore della quantità di moto dalla relazione di Einstein tra la quantità di moto di un fotone e la corrispondente lunghezza d'onda della radiazione. Com'è ben noto, la pertinenza di questo confronto ricevette presto una conferma decisiva attraverso la scoperta di Davisson e Germer e di George Thomson della diffusione selettiva degli elettroni nei cristalli.

L'evento culminante di questo periodo fu la formulazione a opera di Schrödinger, nel 1926, di una meccanica ondulatoria piú generale in cui gli stati stazionari sono concepiti come soluzioni proprie di un'equazione d'onda fondamentale, ottenuta considerando l'hamiltoniana di un sistema di particelle elettriche come un operatore differenziale agente su una funzione delle coordinate che definiscono la configurazione del sistema. Nel caso dell'atomo d'idrogeno il metodo conduceva a una determinazione particolarmente semplice dell'energia degli stati stazionari e Schrödinger poteva inoltre mostrare che la sovrapposizione di due soluzioni proprie corrisponde a una distribuzione di carica e di corrente elettrica nell'atomo, che in elettrodinamica classica darebbe origine all'emissione e all'assorbimento di risonanza di una radiazione monocromatica di frequenza coincidente con quella della riga corrispondente nello spettro dell'idrogeno.

Similmente Schrödinger poteva spiegare alcuni aspetti essenziali della dispersione della radiazione da parte degli atomi, rappresentando la distribuzione di carica e di corrente nell'atomo perturbato dalla radiazione incidente mediante una sovrapposizione delle funzioni proprie che definiscono i possibili stati stazionari del sistema imperturbato. Particolarmente suggestiva fu la deduzione, lungo queste linee, delle leggi dell'effetto Compton che, pur confermando in modo straordinario l'originale idea einsteiniana del fotone, presentò da principio ovvie difficoltà per un'applicazione del metodo corrispondenziale che cercasse di combinare la conservazione dell'energia e della quantità di moto con una suddivisione del processo in due stadi separati, consistenti in un assorbimento e un'emissione di radiazione del tipo delle transizioni radiative tra stati stazionari in un sistema atomico.

Il riconoscimento dell'ampia applicabilità di argomenti implicanti un principio di sovrapposizione simile a quello della teoria classica del campo elettromagnetico e solo implicitamente contenuto nella formulazione della meccanica quantistica basata sulle matrici rappresentò un notevole avanzamento nella trattazione dei problemi atomici. Fu tuttavia evidente fin dal principio che la meccanica ondulatoria non si scostava meno dalla descrizione classica della descrizione statistica basata sul principio di corrispondenza. Cosí ricordo come, in occasione di una visita di Schrödinger a Copenaghen nel 1926 durante la quale ci fece un'esposizione indimenticabile del suo magnifico lavoro, si convenne tutti che qualunque procedimento che trascurasse il carattere individuale dei processi quantici non avrebbe mai potuto spiegare la formula fondamentale di Planck della radiazione termica.

Nonostante la rimarchevole analogia esistente tra certi aspetti essenziali dei processi atomici e i problemi classici di risonanza, va infatti tenuto presente che in meccanica ondulatoria si ha a che fare con funzioni che in generale non assumono valori reali, ma richiedono l'uso essenziale del simbolo $\sqrt{-1}$ come le matrici della meccanica quantistica. Inoltre, quando si studiano la costituzione di atomi con piú di un elettrone o gli urti tra atomi e particelle cariche libere, le funzioni di stato non sono rappresentate nello spazio ordinario, ma in uno spazio delle configurazioni a un numero di dimensioni uguali al numero dei gradi di libertà del sistema complessivo. Il carattere essenzialmente statistico delle deduzioni fisiche ricavate dalla meccanica ondulatoria fu alla fine chiarito dalla brillante trattazione generale dei problemi d'urto fatta da Born.

L'equivalenza fisica dei due diversi formalismi matematici fu chiarita completamente dalla teoria delle trasformazioni, formulata indipendentemente da Dirac a Copenaghen e da Jordan a Gottinga, che introduceva nella fisica quantistica la possibilità di eseguire cambiamenti di variabili simili a quelli permessi dai caratteri di simmetria delle equazioni classiche del moto nella forma canonica data da Hamilton. Una situazione analoga s'incontra nella formulazione di un'elettrodinamica quantistica contenente il concetto di fotone. Questo risultato fu ottenuto per primo da Dirac con la sua teoria quantistica della radiazione, nella quale le fasi e le ampiezze delle componenti armoniche dei campi sono variabili non commutanti. Dopo gli importanti contributi di Jordan, Klein e Wigner questo formalismo trovò il suo compimento essenziale, com'è noto, nel lavoro di Heisenberg e Pauli.

Un'illustrazione particolare della potenza e dell'ampia applicabilità dei metodi matematici della fisica quantistica è fornita dalle statistiche quantiche, cui obbediscono i sistemi di particelle identiche, per i quali si presenta un tratto estraneo alla fisica classica non meno dello stesso quanto d'azione. Infatti ogni problema che richieda l'applicazione della statistica di Bose-Einstein o di Fermi-Dirac esclude in linea di principio ogni descrizione intuitiva. In particolare da questa situazione scaturí una formulazione del principio di esclusione di Pauli, che non solo consentiva di spiegare in modo definitivo le relazioni di periodicità nella tavola di Mendeleev, ma negli anni seguenti si dimostrò utile per la comprensione della maggior parte dei vari aspetti della costituzione atomica della materia.

Un contributo fondamentale alla chiarificazione dei princípi delle statistiche quantiche fu dato da Heisenberg nel 1926 con la sua geniale spiegazione della duplicità dello spettro dell'elio. Infatti, com'egli mostrava, l'insieme degli stati stazionari degli atomi con due elettroni consiste di due gruppi, che non si combinano tra loro, corrispondenti a funzioni d'onda simmetriche e antisimmetriche, associate agli orientamenti rispettivamente opposto e parallelo degli spin elettronici. Poco dopo Heitler e London spiegavano lungo le stesse linee il legame della molecola d'idrogeno e aprivano in tal modo la via all'interpretazione dei legami chimici omopolari. Anche la famosa formula di Rutherford per la diffusione di particelle cariche da parte dei nuclei atomici doveva venire modificata in modo essenziale, come fu mostrato da Mott, per poter essere applicata agli urti tra particelle identiche, come protoni e nuclei d'idrogeno o raggi alfa e nuclei di elio. Tuttavia negli esperimenti concreti con particelle alfa veloci deviate da nuclei pesanti secondo grandi angoli, dai quali Rutherford aveva tratto le sue conclusioni fondamentali, si è ben all'interno della regione di applicabilità della meccanica classica.

Il crescente uso di sempre piú raffinate astrazioni matematiche per assicurare la coerenza nella descrizione dei fenomeni atomici raggiunse un apice temporaneo nel 1928 con la teoria relativistica dell'elettrone di Dirac. Il concetto di spin, alla cui trattazione Darwin e Pauli avevano dato importanti contributi, veniva cosí armonicamente incorporato nell'analisi spinoriale di Dirac. Soprattutto però, in seguito alla scoperta del positrone a opera di Anderson e Blackett, la teoria di Dirac permise di prevedere l'esistenza di molte altre antiparticelle, aventi la stessa massa della particella corrispondente, opposta carica elettrica e opposta orientazione del momento magnetico rispetto allo spin. Com'è ben noto, abbiamo qui a che fare con uno sviluppo che in modo nuovo ha restituito, arricchendole, quell'isotropia dello spazio e quella reversibilità del tempo che sono sempre state alla base della fisica classica.

Il meraviglioso progresso della nostra conoscenza della costituzione atomica della materia, e dei metodi con cui questa conoscenza può essere ottenuta e correlata, ci ha infatti portato ben al di fuori dell'ambito della descrizione intuitiva deterministica giunta all'apice della sua perfezione con Newton e Maxwell. Seguendo da vicino questo sviluppo, ho avuto spesso occasione di meditare sull'influenza dominante avuta dalla scoperta di Rutherford del nucleo atomico, che a ogni passo ci riproponeva la sua formidabile sfida.

9. Nei lunghi anni durante i quali Rutherford lavorò con instancabile vigore al Cavendish, mi recai spesso a Cambridge per tenervi su suo invito corsi di lezioni sui problemi teorici, ivi comprese le implicazioni epistemologiche dello sviluppo della teoria dei quanti. In queste occasioni mi furono sempre di grande incoraggiamento l'apertura di mente e l'intenso interesse con cui Rutherford seguiva i progressi che si realizzavano nel campo di ricerche da lui stesso aperto in cosí ampia misura, e il cui sviluppo doveva portarci ben oltre l'orizzonte che limitava le prime idee.

Infatti l'uso estensivo di metodi matematici astratti, creati per far fronte al rapido accumularsi dei dati sui fenomeni atomici, portava sempre piú in primo piano l'intero problema dell'osservazione. Alla radice questo problema è antico come la fisica stessa. Cosí i filosofi dell'antica Grecia, che basavano la spiegazione delle proprietà specifiche delle sostanze sulla divisibilità limitata di tutta la materia, davano per scontato che la rozzezza dei nostri organi di senso non avrebbe mai consentito l'osservazione diretta degli atomi individuali. A questo riguardo la situazione è stata radicalmente modificata dalla costruzione di strumenti di amplificazione come le camere a nebbia e i contatori, originariamente sviluppati da Rutherford e Geiger per le loro misure del numero e della carica delle particelle alfa. Tuttavia l'esplorazione del mondo degli atomi doveva, come abbiamo visto, rivelare limitazioni intrinseche nel modo di descrizione rappresentato dal linguaggio comune, sviluppato per l'orientamento nel nostro ambiente e per la descrizione degli eventi della vita quotidiana.

Con parole che rispecchiano fedelmente l'atteggiamento di Rutherford, si può dire che scopo della sperimentazione è di porre domande alla natura, e certo Rutherford doveva i suoi successi al suo felice intuito nel formulare queste domande in modo da render possibili le risposte piú utili. Affinché la ricerca possa aumentare il patrimonio comune di conoscenza è evidente che la registrazione delle osservazioni e la costruzione e l'impiego degli strumenti, necessari per la definizione delle condizioni sperimentali, devono potersi descrivere mediante il linguaggio comune. Nella ricerca fisica concreta questo requisito è ampiamente soddisfatto dalla realizzazione del dispositivo sperimentale a mezzo di corpi come diaframmi e lastre fotografiche, cosí grandi e pesanti che il loro impiego può venire descritto in termini di fisica classica, benché naturalmente le proprietà dei materiali di cui sono fatti sia gli strumenti che i nostri corpi dipendano essenzialmente dalla costituzione e stabilità dei sistemi atomici che li costituiscono: sistemi che, viceversa, non consentono una simile descrizione.

La descrizione dell'esperienza ordinaria presuppone una divisibilità illimitata dell'evoluzione dei fenomeni nello spazio e nel tempo e la concatenazione di tutti gli stadi in termini di causa ed effetto. In definitiva questo punto di vista riposa sulla finezza dei nostri sensi che per la percezione richiedono un'interazione con gli oggetti in studio cosí piccola che in circostanze ordinarie non ha alcuna influenza apprezzabile sul corso degli eventi. Nell'edificio della fisica classica questa situazione è idealizzata nell'ipotesi che l'interazione tra l'oggetto e gli strumenti di osservazione possa essere trascurata o, in ogni caso, valutata a parte.

L'elemento d'individualità, simbolizzato dal quanto d'azione e completamente estraneo ai princípi della fisica classica, ha per conseguenza che nello studio dei processi quantici ogni indagine sperimentale implichi un'interazione tra l'oggetto atomico e gli apparati di misura che, benché essenziale per la caratterizzazione del fenomeno in studio, sfugge a ogni descrizione separata, se si vuole che l'esperimento dia una risposta univoca alle nostre domande. È infatti il riconoscimento di questa situazione che rende imperativo il ricorso a una descrizione statistica del verificarsi di effetti quantici individuali in uno stesso dispositivo sperimentale e che rimuove ogni contraddizione apparente tra fenomeni osservati in condizioni sperimentali mutuamente escludentisi. Per quanto contrastanti possano sulle prime apparire questi fenomeni, non va perso di vista il fatto che essi sono complementari, nel senso che nel loro insieme essi esauriscono tutta l'informazione possibile sull'oggetto atomico che può venire espressa senza ambiguità mediante il linguaggio ordinario.

La nozione di complementarità non implica alcuna rinuncia a un'analisi accurata che comporti limiti per l'ambito della nostra ricerca, ma semplicemente sottolinea il carattere oggettivo, indipendente cioè da ogni giudizio soggettivo, della descrizione in tutti quei campi dell'esperienza ove per l'univocità della comunicazione si richiede in modo essenziale che si tenga conto delle circostanze in cui l'esperimento viene eseguito. Sotto l'aspetto logico questa situazione è ben nota nella discussione dei problemi psicologici e sociali, dove molte parole fin dall'origine del linguaggio sono state usate in modo complementare. Naturalmente qui si tratta quasi sempre di aspetti che non si prestano all'analisi quantitativa caratteristica delle cosiddette scienze esatte, compito delle quali è, secondo il programma di Galileo, di basare ogni descrizione su misure ben definite.

Nonostante l'aiuto che la matematica ha sempre offerto per questo scopo, va osservato che la definizione stessa dei simboli e delle operazioni matematiche si basa sul semplice uso logico del linguaggio comune. Infatti la matematica non va considerata come un ramo particolare della conoscenza basata sull'accumularsi dell'esperienza, ma piuttosto come un raffinamento del linguaggio ottenuto mediante rappresentazioni opportune di relazioni per le quali la comunicazione verbale usuale sarebbe imprecisa o troppo complessa. A rigore, il formalismo matematico della meccanica e dell'elettrodinamica quantistiche offre semplicemente delle regole di calcolo per la deduzione di valori d'aspettazione relativi a osservazioni effettuate in ben definite condizioni, specificabili mediante concetti fisici classici. Il carattere esauriente di questa descrizione deriva non solo dalla libertà, implicita nel formalismo, di scegliere queste condizioni in tutti i modi concepibili, ma anche dal fatto che la definizione stessa dei fenomeni in questione implica per il loro verificarsi un elemento di irreversibilità nel processo di osservazione, che rivela il carattere fondamentalmente irreversibile del concetto stesso di osservazione.

Naturalmente nella descrizione complementare della fisica quantistica ogni contraddizione restava esclusa in partenza per la coerenza logica dello schema matematico che verifica ogni requisito di corrispondenza. Tuttavia la scoperta dei limiti entro cui possono venire fissate due variabili canoniche coniugate, espressi dal principio d'indeterminazione formulato da Heisenberg nel 1927, segnò un passo decisivo verso il chiarimento del problema della misura in meccanica quantistica. Infatti divenne evidente che la rappresentazione formale delle grandezze fisiche mediante operatori non commutanti riflette direttamente la relazione di mutua esclusione tra le operazioni mediante cui le rispettive grandezze sono definite e misurate.

Per acquistare familiarità con questa situazione fu necessario discutere nei particolari un grande numero di esempi. Nonostante l'importanza generale del principio di sovrapposizione in fisica quantistica, una valida guida per lo studio dei problemi osservazionali fu spesso trovata nella classica analisi di Rayleigh della relazione inversa tra la precisione con cui vengono formate immagini dai microscopi e il potere di risoluzione degli strumenti spettroscopici. A questo riguardo la padronanza dei metodi della fisico-matematica posseduta da Darwin si rivelò ripetutamente di grande aiuto.

Con tutto l'apprezzamento per la felice scelta dei termini fatta da Planck nell'introdurre la nozione del "quanto d'azione" universale, o per l'efficacia suggestiva dell'idea dello "spin intrinseco", bisogna rendersi conto che queste nozioni fanno unicamente riferimento a relazioni tra precise risultanze sperimentali che non possono venire inquadrate in una descrizione classica. Infatti i numeri che esprimono i valori del quanto o dello spin in unità fisiche ordinarie non riguardano misure dirette di azioni o momenti angolari classicamente definiti, ma sono suscettibili di interpretazione logica solo mediante l'uso coerente del formalismo matematico della teoria dei quanti. In particolare la molto discussa impossibilità di misurare il momento magnetico di un elettrone libero mediante gli ordinari magnetometri risulta immediatamente evidente dal fatto che nella teoria di Dirac lo spin e il momento magnetico non sono legati ad alcuna modificazione delle equazioni hamiltoniane del moto, ma appaiono come conseguenze del peculiare carattere non commutativo del calcolo operatoriale.

La questione dell'interpretazione appropriata delle nozioni di complementarità e indeterminazione non fu risolta senza dispute vivaci, in particolare in occasione dei congressi Solvay del 1927 e 1930. Fu allora che Einstein ripetutamente esercitò contro di noi le sue critiche sottili, dando l'avvio a una più circostanziata analisi del ruolo degli strumenti nel processo di misura. Un punto cruciale, che escludeva irrevocabilmente la possibilità di un ritorno alla descrizione causale, fu il riconoscimento del fatto che l'ambito dell'applicazione univoca delle leggi di conservazione dell'energia e della quantità di moto è limitato in modo essenziale dalla circostanza che qualunque apparato, che permetta di localizzare nello spazio e nel tempo gli oggetti atomici, implica un trasferimento, incontrollabile in linea di principio, di quantità di moto e di energia ai regoli e agli orologi indispensabili per la definizione del sistema di riferimento. L'interpretazione fisica della formulazione relativistica della teoria dei quanti riposa in definitiva sulla possibilità di soddisfare tutte le esigenze della relatività nella descrizione del funzionamento degli strumenti di misura macroscopici.

Questa circostanza fu chiarita soprattutto nella discussione della misurabilità delle componenti del campo elettromagnetico, sollevata da Landau e Peierls come un serio argomento contro la coerenza della teoria dei campi quantizzati. Uno studio particolareggiato fatto in collaborazione con Rosenfeld mostrò che tutte le predizioni della teoria al riguardo possono essere verificate, purché si tenga nel dovuto conto l'interdipendenza delle precisioni con cui possono essere fissate le intensità dei campi elettrico e magnetico e la composizione fotonica del campo. Una situazione analoga s'incontra nella teoria del positrone, ove ogni misura della distribuzione di carica nello spazio implica di necessità la creazione di un numero incontrollabile di coppie.

Gli aspetti quantici tipici del campo elettromagnetico non dipendono dalla scala, poiché le due costanti fondamentali – la velocità c della luce e il quanto d'azione h – non consentono di fissare nessuna grandezza delle dimensioni di una lunghezza o di un tempo. La teoria relativistica dell'elettrone invece involve la carica e e la massa m dell'elettrone e le caratteristiche essenziali dei fenomeni risultano limitate a estensioni spaziali dell'ordine di h/mc. Il fatto che questa lunghezza è grande rispetto al "raggio dell'elettrone" e^2/mc^2, che fissa i limiti di univoca applicabilità dei concetti della teoria elettromagnetica classica, suggerisce tuttavia che dovrebbe rimanere ampio spazio per la validità dell'elettrodinamica quantistica, anche se molte delle sue conseguenze non possono venire saggiate con strumenti sufficientemente grandi da permettere di trascurare l'elemento statistico nella loro costruzione e nel loro funzionamento. Queste stesse difficoltà impediscono naturalmente anche ogni studio diretto delle interazioni a corto raggio fra i costituenti fondamentali della materia, il cui numero è notevolmente aumentato in seguito alle recenti scoperte, e per l'esplorazione delle loro relazioni dobbiamo perciò essere preparati all'introduzione di nuovi metodi che vadano oltre la validità dell'attuale teoria dei quanti.

È appena necessario sottolineare che questi problemi non si presentano nella descrizione delle ordinarie proprietà chimiche e fisiche della materia, che si basano sul modello atomico di Rutherford e per la cui analisi si fa uso solo di ben definite caratteristiche delle particelle costituenti. Qui la descrizione complementare offre infatti un metodo adeguato per affrontare il primo problema che ci si era presentato, cioè quello della stabilità atomica. L'interpretazione delle regolarità spettrali e dei legami chimici riguarda infatti condizioni sperimentali che si escludono mutuamente con quelle che permettono l'esatto controllo delle posizioni e degli spostamenti dei singoli elettroni all'interno dei sistemi atomici.

A questo riguardo ha importanza decisiva il fatto che l'applicazione proficua delle formule strutturali in chimica si fonda sulla circostanza che i nuclei atomici sono tanto piú pesanti degli elettroni che, rispetto alle dimensioni molecolari, l'indeterminazione nella posizione dei nuclei può venire tranquillamente trascurata. Riandando a tutte le fasi dello sviluppo, si vede che la scoperta della concentrazione della massa dell'atomo in una regione molto piccola rispetto alle sue dimensioni globali è stata la chiave della comprensione di un campo immenso di esperienze, che va dalla struttura cristallina dei solidi ai complessi sistemi molecolari che portano i caratteri genetici dagli organismi viventi.

Com'è ben noto i metodi della teoria dei quanti si sono dimostrati decisivi anche per il chiarimento di molti problemi relativi alla costituzione e alla stabilità degli stessi nuclei atomici. Ad alcuni dei primi aspetti storici di questi problemi avrò occasione di accennare continuando nell'esposizione dei miei ricordi su Rutherford, ma andrebbe oltre i limiti di questa circostanza il tentare un resoconto particolareggiato della conoscenza della costituzione del nucleo, che si è andata rapidamente accumulando grazie al lavoro dell'attuale generazione di fisici teorici e sperimentali. Questo sviluppo ricorda ai piú vecchi di noi il graduale chiarimento della costituzione elettronica dell'atomo nei primi decenni dopo la scoperta fondamentale di Rutherford.

10. Ogni fisico è naturalmente al corrente della straordinaria serie di brillanti ricerche con cui Rutherford aumentò fino alla fine della sua vita la nostra conoscenza delle proprietà e della costituzione dei nuclei atomici. Citerò quindi solo alcuni dei miei ricordi di quegli anni, in cui ebbi spesso occasione di seguire il lavoro che si faceva al Cavendish e di apprendere in conversazioni con Rutherford il corso delle sue idee e dei problemi che lo tenevano occupato insieme ai suoi collaboratori.

Con la sua penetrante intuizione Rutherford si rese conto assai presto dei problemi nuovi e strani connessi con l'esistenza e la stabilità dei nuclei composti. Infatti, già ai tempi di Manchester, egli aveva osservato che qualunque trattazione di questi problemi richiedeva l'ipotesi di forze a corto raggio tra i componenti del nucleo, cioè di un tipo essenzialmente diverso dalle forze elettriche agenti tra particelle cariche. Con l'intento di vedere piú chiaro nelle forze specificamente nucleari, Rutherford e Chadwick fecero, già nei primi anni di Cambridge, studi sistematici sulla diffusione anomala dei raggi alfa negli urti nucleari ravvicinati.

Benché da queste ricerche derivassero molti dati nuovi e importanti, si capiva sempre piú chiaramente che per un attacco a fondo dei problemi nucleari le sorgenti naturali di raggi alfa non erano sufficienti e che era desiderabile poter disporre di fasci intensi di particelle di elevata energia prodotte con l'accelerazione artificiale di ioni. Nonostante l'impazienza di Chadwick d'iniziare la costruzione di un acceleratore, Rutherford fu per diversi anni riluttante a intraprendere un cosí grande e costoso lavoro nel suo laboratorio. Quest'atteggiamento è del tutto comprensibile, se si considera quanto fino ad allora Rutherford aveva realizzato con mezzi modestissimi. L'idea di competere con le sorgenti radioattive naturali doveva inoltre apparire a quei tempi straordinariamente ambiziosa. La situazione tuttavia fu modificata dallo sviluppo della teoria dei quanti e dalla sua prima applicazione ai problemi nucleari.

Già nel 1920 Rutherford stesso aveva sottolineato in una conferenza le difficoltà che si opponevano all'interpretazione dell'emissione nucleare dei raggi alfa sulla base delle semplici idee meccaniche che si erano rivelate tanto utili per spiegare la diffusione delle particelle alfa da parte dei nuclei. La velocità delle particelle emesse non è infatti abbastanza elevata da consentire loro di rientrare, per inversione del moto, nel nucleo vincendo la repulsione elettrica. Tuttavia le possibilità di penetrazione delle particelle attraverso le barriere di potenziale furono presto riconosciute come conseguenza della meccanica ondulatoria e nel 1928 Gamow a Gottinga e Condon e Gurney a Princeton diedero su queste basi una spiegazione generale del decadimento alfa e ricavarono una relazione tra la vita media del nucleo e l'energia cinetica delle particelle alfa emesse, che risultava in accordo con le regolarità empiriche scoperte da Geiger e Nuttall ai primi tempi di Manchester.

Quando nell'estate del 1928 si uní a noi a Copenaghen, Gamow si stava occupando della penetrazione di particelle cariche nei nuclei per effetto tunnel inverso. Egli aveva cominciato questo lavoro a Gottinga e lo aveva discusso con Houtermans e Atkinson; questi ultimi ne furono indotti a suggerire che l'energia solare potrebbe essere ricondotta a trasmutazioni nucleari prodotte dall'urto di protoni dotati delle alte velocità termiche che, in base alle idee di Eddington, dovrebbero aversi nell'interno del sole.

Durante una breve visita a Cambridge nell'ottobre del 1928, Gamow discusse le prospettive sperimentali, che scaturivano dalle sue considerazioni teoriche, con Cockcroft, il quale, in seguito a valutazioni piú accurate, si convinse della possibilità di ottenere effetti osservabili bombardando i nuclei leggeri con protoni di energia molto inferiore a quella delle particelle alfa prodotte da sorgenti naturali. Poiché i risultati sembravano promettenti, Rutherford accettò la proposta di Cockcroft di costruire un acceleratore di alto voltaggio per fare questi esperimenti. La costruzione fu iniziata da Cockcroft verso la fine del 1928 e fu continuata nell'anno seguente con la collaborazione di Walton. I primi esperimenti con protoni accelerati furono fatti nel marzo del 1930, ma i tentativi di osservare raggi gamma emessi nell'interazione dei protoni con i nuclei del bersaglio non diedero alcun risultato. L'apparecchio fu rimontato dopo un trasferimento del laboratorio e, com'è ben noto, nel marzo del 1932 furono ottenute particelle alfa veloci bombardando con protoni un bersaglio di litio.

Questi esperimenti diedero inizio a un nuovo importantissimo sviluppo durante il quale sia la conoscenza delle reazioni nucleari che il dominio delle tecniche degli acceleratori aumentarono rapidamente di anno in anno. Già i primi esperimenti di Cockcroft e Walton diedero risultati di significato notevole sotto vari aspetti. Non solo ne risultarono confermate in tutti i particolari le previsioni quantistiche sulla dipendenza della sezione d'urto di reazione dall'energia dei protoni, ma fu anche possibile mettere in relazione l'energia cinetica dei raggi alfa emessi con le masse delle particelle reagenti, già note con buona precisione grazie allo sviluppo della spettroscopia di massa sviluppata da Aston. Si aveva cosí la prima prova sperimentale della famosa relazione tra massa ed energia cui Einstein era stato condotto molti anni prima da considerazioni relativistiche. Non occorre che io ricordi qui l'importanza fondamentale che questa relazione ha avuto per lo sviluppo di tutta la ricerca nucleare.

La storia della scoperta del neutrone da parte di Chadwick presenta aspetti quasi altrettanto drammatici. A indicare la lungimiranza di Rutherford sta la sua precoce anticipazione della presenza nei nuclei di un componente neutro con massa molto prossima a quella del protone. Gradualmente divenne chiaro che questa idea avrebbe spiegato la scoperta fatta da Aston dell'esistenza di isotopi per quasi tutti gli elementi aventi masse atomiche prossime a multipli del peso atomico dell'idrogeno. In connessione con i loro studi dei vari tipi di disintegrazione nucleare indotta dai raggi alfa, Rutherford e Chadwick fecero una ricerca sistematica delle prove dell'esistenza di questa particella. Il problema divenne acuto quando sia Bothe che i Joliot-Curie osservarono una radiazione penetrante prodotta nel bombardamento di berillio con particelle alfa. Dapprima si fece l'ipotesi che si trattasse di una radiazione del tipo gamma, ma Chadwick, che aveva grande familiarità con i molteplici aspetti dei fenomeni radiativi, percepí chiaramente che i dati non erano compatibili con questo punto di vista.

Infatti con un'indagine magistrale, che rivelò numerosi aspetti nuovi del fenomeno, Chadwick poté dimostrare che si era in presenza di uno scambio di energia e di quantità di moto per il tramite di una particella neutra, la cui massa doveva differire da quella del protone di un valore non superiore all'uno per mille. Grazie alla maggiore facilità, rispetto alle particelle cariche, con cui i neutroni possono, senza cedere energia agli elettroni, attraversare la materia e penetrare nei nuclei, la scoperta di Chadwick aprí la strada a un gran numero di nuovi tipi di trasmutazioni nucleari. Alcuni esempi molto interessanti di questi nuovi effetti furono subito ottenuti al Cavendish da Feather, che nella camera a nebbia fotografò l'emissione di particelle alfa da parte di nuclei di azoto bombardati con neutroni. Com'è ben noto, gli studi condotti in molti laboratori lungo queste linee accrebbero rapidamente la conoscenza della struttura e dei processi di trasmutazione dei nuclei.

Nella primavera del 1932, a uno dei nostri convegni annuali dell'istituto di Copenaghen, cui partecipavano di solito molti dei nostri vecchi collaboratori, tra i principali argomenti in discussione furono ovviamente le implicazioni della scoperta del neutrone; un punto particolare fu la circostanza apparentemente strana che nelle belle fotografie fatte in cemera a nebbia da Dee non si osservasse alcuna interazione tra i neutroni e gli elettroni legati negli atomi. A questo riguardo si ritenne che, dato il tipo di dipendenza dalla massa ridotta delle particelle in giuoco che ha in fisica quantistica la sezione d'urto di diffusione, ciò non fosse in contrasto neppure con l'ipotesi di un'interazione a corto raggio tra neutrone ed elettrone, di intensità paragonabile a quella esistente tra neutrone e protone. Pochi giorni piú tardi, ricevevo da Rutherford una lettera che incidentalmente toccava anche questo punto:

"Mio caro Bohr,

Fowler al suo ritorno a Cambridge mi ha raccontato tutto di voi e sono molto contento che abbiate potuto fare una cosí bella riunione di vecchi amici. Mi interessava sentire le tue idee sul neutrone. Le ho viste descritte ottimamente dal corrispondente scientifico del 'Manchester Guardian', Crowther, che di queste cose si intende bene. Mi fa piacere che tu veda il neutrone con favore. Penso che i dati raccolti da Chadwick e da altri siano ora sostanzialmente completi. È ancora da vedere quanta ionizzazione è o dovrebbe essere prodotta per spiegare l'assorbimento, trascurando gli urti con i nuclei.

Una ciliegia tira l'altra; voglio raccontarti un'altro interessante sviluppo di cui apparirà un breve resoconto su 'Nature' la settimana prossima. Sai che abbiamo un Laboratorio Alte Tensioni dove si raggiungono facilmente voltaggi in continua di 600000 volt e piú. Recentemente sono stati esaminati gli effetti del bombardamento con protoni su elementi leggeri. I protoni cadono sulla superficie del materiale inclinata a 45 gradi rispetto all'asse del tubo e gli effetti vengono osservati lateralmente con metodi di scintillazione; lo schermo a solfuro di zinco è coperto da uno spessore di mica capace di fermare i protoni. Nel caso del litio si osservano brillanti scintillazioni a partire da circa 125000 volt e al crescere della tensione il loro numero aumenta fino a molte centinaia per minuto con una corrente protonica di pochi milliampere. Le particelle alfa compiono un percorso in aria, praticamente indipendente dalla tensione, di 8 centimetri. L'ipotesi piú semplice è che il litio 7 catturi un protone e poi si spezzi emettendo due particelle alfa ordinarie. L'energia totale liberata corrisponderebbe allora a circa 16 milioni di volt e, supponendo che l'energia si conservi, questo valore è in accordo con le variazioni di massa in giuoco.

Piú avanti si faranno esperimenti per accertare la natura delle particelle, ma la brillantezza delle scintillazioni e le tracce in camera di Wilson rendono probabile che si tratti di particelle alfa. In esperimenti di questi ultimi giorni effetti simili sono stati osservati in boro e fluoro, ma le tracce delle particelle sono piú brevi, benché sembrino in tutto dovute a particelle alfa. Può darsi che il boro 11 catturi un protone e si scinda in tre alfa e che il fluoro si scinda in ossigeno piú un'alfa. Le differenze in energia sono in accordo approssimato con queste conclusioni. Sono sicuro che questi risultati che speriamo di estendere presto ti interesseranno molto.

È chiaro che la particella alfa, il neutrone e il protone daranno probabilmente origine a diversi tipi di disintegrazione e può essere significativo che fino a ora si siano ottenuti risultati solo con elementi del tipo $4n+3$. Sembrerebbe che l'aggiunta del quarto protone conduca immediatamente alla formazione di una particella alfa e alla conseguente disintegrazione. Ritengo però che tutta la situazione vada considerata come il risultato di un singolo processo, piuttosto che di processi a catena.

Sono contento che le energie e i fondi spesi per ottenere alti potenziali siano stati ripagati da risultati precisi e interessanti. In realtà avrebbero dovuto osservare l'effetto circa un anno fa, ma non avevano preso la via giusta. Tu capisci bene che questi risultati possono aprire una nuova linea di ricerca sulle trasmutazioni in generale.

Noi stiamo tutti bene e io comincio domani le lezioni. Con i migliori auguri per te e tua moglie.

Tuo sempre Rutherford

21 aprile 1932

Il berillio presenta alcuni effetti strani; è ancora da chiarire. Può darsi che parli di questi esperimenti nella discussione sui nuclei che si terrà alla Società Reale martedí, 25 aprile."

Naturalmente leggendo questa lettera va tenuto presente che con le mie visite a Cambridge mi ero tenuto al corrente del lavoro in corso al Cavendish e che quindi Rutherford non aveva bisogno di specificare quali fossero i contributi individuali dei suoi collaboratori. La lettera è in effetti un'espressione spontanea della sua esuberante gioia per le grandi realizzazioni di quegli anni e della passione con cui cercava di svilupparne le conseguenze.

11. Da vero pioniere Rutherford non si basava mai soltanto sull'intuizione, per quanto potente, ma andava sempre alla ricerca di nuove fonti d'informazione che potessero condurlo a progressi inattesi. Cosí anche a Cambridge Rutherford e i suoi collaboratori continuarono con vigore e con apparecchi sempre piú perfezionati lo studio dei processi di decadimento alfa e beta. Il notevole lavoro di Rutherford ed Ellis sugli spettri alfa permise di distinguere tra gli effetti intranucleari e l'interazione della particella beta con il sistema degli elettroni esterni e di chiarire quindi il meccanismo della conversione interna.

Inoltre la dimostrazione data da Ellis della continuità della distribuzione spettrale degli elettroni emessi direttamente dal nucleo fece nascere un'assai dibattuta questione sulla conservazione dell'energia, cui rispose infine Pauli con la sua audace ipotesi dell'emissione simultanea di un neutrino che forní a Fermi il punto di partenza per la sua teoria del decadimento beta.

Il notevole perfezionamento apportato da Rutherford, Wynn-

Williams e altri alle misure degli spettri alfa gettò nuova luce sulla struttura fine di questi spettri e sulla sua relazione con i livelli energetici del nucleo residuo risultante dal decadimento alfa. Una sorta di avventura, in tempi precedenti, era stata la scoperta della cattura di elettroni da parte dei raggi alfa; dopo la prima osservazione fatta nel 1922 da Henderson, essa fu esplorata da Rutherford in una delle sue ricerche piú magistrali. Com'è ben noto, questo lavoro, che forní informazioni preziose sul processo della cattura elettronica, doveva attrarre nuovamente l'attenzione pochi anni dopo la morte di Rutherford quando, con la scoperta dei processi di fissione dei nuclei pesanti per urto con neutroni, divenne importante lo studio della penetrazione nella materia dei frammenti nucleari con carica elevata, processo per cui la cattura di elettroni diventa l'aspetto dominante.

Un grande progresso fu segnato sia per le idee generali che per la tecnica sperimentale dalla scoperta, fatta nel 1933 da Frédéric Joliot e Irène Curie, della radioattività beta artificiale, prodotta da trasmutazioni nucleari innescate con bombardamenti alfa. È appena necessario che io ricordi come in seguito alle brillanti ricerche sistematiche di Enrico Fermi sulle trasmutazioni indotte da neutroni furono scoperti isotopi radioattivi di un gran numero di elementi e ottenute molte informazioni sui processi nucleari iniziati dalla cattura di neutroni lenti. In particolare lo studio di questi processi rivelò notevoli effetti di risonanza, ben piú netti dei picchi osservati per la prima volta da Pose nelle sezioni d'urto delle reazioni prodotte dai raggi alfa e sulla cui interpretazione, data da Gurney in base al modello della buca di potenziale, Gamow attrasse subito l'attenzione di Rutherford.

Già dalle osservazioni di Blackett, fatte con la sua ingegnosa tecnica della camera a nebbia automatica, era apparso che nel processo studiato nei primi esperimenti di Rutherford sulle disintegrazioni nucleari artificiali la particella alfa incidente restava incorporata nel nucleo residuo, che rimaneva dopo l'emissione del protone. Divenne allora chiaro che tutti i tipi di trasmutazioni nucleari, entro un'ampia regione di energie, si svolgono in due tempi ben distinti. Nel primo si forma un nucleo composto di vita relativamente lunga, mentre nel secondo l'energia di eccitazione si distribuisce tra i diversi possibili modi di disintegrazione e processi di radiazione. Queste idee, cui Rutherford prese molto interesse, costituirono il tema dell'ultimo corso di lezioni che su suo invito tenni nel 1936 al Cavendish.

Meno di due anni dopo la morte di Rutherford, avvenuta nel 1937, un nuovo e drammatico sviluppo ebbe inizio con la scoperta della fissione degli elementi piú pesanti fatta dal suo vecchio amico e collaboratore dei tempi di Montreal, Otto Hahn, che lavorava a Berlino con Fritz Strassmann. Subito dopo questa scoperta Lise Meitner e Otto Frisch, che a quel tempo lavoravano a Stoccolma e a Copenaghen e ora sono entrambi a Cambridge, diedero un importante contributo alla comprensione del fenomeno facendo osservare che la diminuzione critica nella stabilità dei nuclei di carica elevata era una semplice conseguenza dell'equilibrio tra le forze di attrazione tra i componenti del nucleo e la repulsione elettrostatica. Uno studio della fissione fatto in collaborazione con Wheeler mostrò che molti dei suoi aspetti potevano essere spiegati in termini del meccanismo delle reazioni nucleari che come primo stadio presentano la formazione di un nucleo composto.

Negli ultimi anni Rutherford aveva trovato in Marcus Oliphant un collaboratore e un amico il cui carattere e la cui capacità di lavoro lo avvicinavano molto a lui. A quel tempo nuove possibilità di ricerca erano state aperte dalla scoperta di Urey dell'isotopo dell'idrogeno ^{2}H o deuterio e dalla costruzione del ciclotrone fatta da Lawrence, che nei suoi primi studi sulle disintegrazioni prodotte da deutoni ottenne alcuni sorprendenti effetti. Nei classici esperimenti di Rutherford e Oliphant, con cui bombardando diversi isotopi del litio mediante protoni e deutoni giunsero alla scoperta dello ^{3}H, o trizio, e dello ^{3}He, sono le basi dell'attuale vigoroso tentativo di applicare le reazioni termonucleari alla piena realizzazione dello sfruttamento dell'energia atomica.

Fin dall'inizio delle sue ricerche sulla radioattività, Rutherford era perfettamente consapevole delle ampie prospettive che esse aprivano in varie direzioni. In particolare egli s'interessò molto presto alla possibilità di pervenire a una stima dell'età della terra e a una spiegazione dell'equilibrio termico nella crosta del pianeta. Anche se la liberazione dell'energia nucleare per scopi pratici era ancora lontana, deve essere stato di grande soddisfazione per Rutherford che la spiegazione della sorgente dell'energia solare, completamente sconosciuta fino ad allora, comparisse nell'arco della sua esistenza come risultato dello sviluppo da lui iniziato.

12. Riandando all'intera vita di Rutherford, la si vede naturalmente proiettata sullo sfondo straordinario delle sue realizzazioni scientifiche che hanno caratterizzato un'epoca, ma i nostri ricordi restano soprattutto irradiati dal fascino della sua personalità. Molti dei collaboratori piú stretti di Rutherford hanno ricordato l'ispirazione che la sua energia e il suo entusiasmo infondevano e il fascino dei suoi modi impulsivi. Infatti, nonostante l'ampiezza sempre crescente delle sue attività scientifiche e amministrative, al Cavendish continuò a regnare lo stesso spirito che tutti avevamo goduto nei primi tempi di Manchester.

Un racconto fedele della ricca vita di Rutherford dall'infanzia ai suoi ultimi giorni è stato scritto da un suo vecchio amico del periodo di Montreal, A. S. Eve. In particolare le numerose citazioni che vi si trovano, prese dalla sua enorme corrispondenza, dànno un'impressione viva delle sue relazioni con i colleghi e gli allievi sparsi in tutto il mondo. Eve cita anche alcune delle storie amene che nascevano in continuazione intorno a Rutherford, e a cui io ho fatto cenno altrove in questo libro.

Caratteristico di tutto l'atteggiamento di Rutherford fu il caldo interesse che egli prendeva per tutti i giovani fisici che per periodi lunghi o brevi venivano a contatto con lui. Cosí ricordo perfettamente le circostanze del mio primo incontro nell'ufficio di Rutherford al Cavendish con Robert Oppenheimer, con cui dovevo piú tardi stringere viva amicizia. Prima che Oppenheimer entrasse, Rutherford, che intuiva sempre ove fosse il talento, mi aveva parlato delle ricche doti del giovane, che con gli anni avrebbe raggiunto una posizione eminentissima nella vita scientifica degli Stati Uniti.

Com'è ben noto, Oppenheimer durante i suoi studi a Gottinga, cioè poco dopo la sua visita a Cambridge, fu tra i primi a richiamare l'attenzione su quel fenomeno della penetrazione delle particelle attraverso le barriere di potenziale, che doveva servire a Gamow e ad altri per spiegare il decadimento alfa. Da Copenaghen Gamow nel 1929 passò a Cambridge, dove i suoi continui contributi all'interpretazione dei fenomeni nucleari erano altamente apprezzati da Rutherford, il quale godeva anche dello spirito bizzarro e sottile che Gamow metteva nei suoi rapporti quotidiani e di cui sono pieni i suoi ben noti libri divulgativi.

Dei molti giovani fisici stranieri che in quegli anni lavorarono al Cavendish, una delle personalità piú colorite era Kapica, di cui Rutherford ammirava grandemente la forza dell'immaginazione e il talento tecnico. La relazione tra Rutherford e Kapica portava i tratti caratteristici di entrambi e, nonostante gli scontri inevitabili, fu pervasa dall'inizio alla fine da profondo affetto reciproco. Questi sentimenti ispirarono poi sia gli sforzi che Rutherford fece per sostenere il lavoro di Kapica dopo il suo rientro in Russia nel 1934, che la lettera che ricevetti da Kapica alla morte di Rutherford.

Quando, poco dopo il 1930, ampliando il Cavendish su iniziativa di Rutherford fu costruito il laboratorio intitolato a Mond per realizzare i promettenti progetti di Kapica, questi desiderò esprimere la propria gioia per l'amicizia di Rutherford nelle decorazioni dell'istituto. La scultura di un coccodrillo sulla parete esterna provocò, però, dei commenti che solo espliciti riferimenti al folclore animale russo misero a tacere. Ma fu soprattutto il busto di Rutherford, nell'interpretazione artistica di Eric Gill, posto nell'atrio, a impressionare negativamente molti degli amici di Rutherford. In una delle mie visite a Cambridge dissi a Kapica che non condividevo quell'indignazione e ciò gli fece tanto piacere che insieme a Dirac mi regalò una copia del rilievo; installata sul caminetto nel mio ufficio dell'istituto di Copenaghen mi ha da allora rallegrato ogni giorno.

Quando, in riconoscimento dei suoi meriti scientifici, a Rutherford fu conferito un titolo nobiliare, egli assunse con sincero interesse le sue nuove responsabilità di membro della Camera dei Lord, ma nulla cambiò nella semplicità dei suoi modi. Cosí non ricordo rimprovero piú severo di quando, avendolo chiamato Lord Rutherford in conversazione con alcuni suoi amici a una cena del Club della Società Reale, egli si girò furioso verso di me con le parole: "Mi dài dunque del Lord?"

Nei quasi vent'anni durante i quali Rutherford, fino alla sua morte, lavorò con incrollabile energia a Cambridge, mia moglie e io rimanemmo in stretto contatto con lui e la sua famiglia. Quasi ogni anno venivamo ospitalmente ricevuti nella loro bella casa di Newnham Cottage dietro gli antichi collegi, con il bel giardino in cui Rutherford si riposava e alle cui cure si dedicava Mary Rutherford. Ricordo molte tranquille ore serali passate nello studio di Rutherford a discutere non solo di novità della fisica, ma anche di tante altre cose di umano interesse. In queste conversazioni non si era mai tentati di eccedere nella stima dei propri personali contributi, perché Rutherford dopo una lunga giornata di lavoro si addormentava facilmente non appena il discorso cessava di interessarlo. Allora non restava da fare altro che attendere che si svegliasse e che riprendesse la conversazione con il suo consueto vigore, come se niente fosse accaduto.

Di domenica Rutherford la mattina giocava regolarmente a golf con alcuni amici intimi e la sera cenava al Trinity College, dove incontrava molti scienziati eminenti e passava il tempo in discussioni sugli argomenti piú disparati. Con la sua curiosità insaziabile per tutti gli aspetti della vita, Rutherford aveva grande stima per i suoi colti colleghi. Ricordo però che una volta, tornando dal Trinity, ebbe a dirmi che secondo lui i cosiddetti umanisti eccedevano un poco quando si dicevano orgogliosi della loro completa ignoranza di ciò che succedeva tra il premere di un bottone al loro ingresso e il sonare di un campanello in cucina.

Alcune espressioni di Rutherford hanno talvolta indotto erroneamente a credere che egli non apprezzasse appieno il valore dei formalismi matematici per l'avanzamento della fisica. Al contrario, col rapido progredire di quel ramo della fisica sostanzialmente creato da lui, Rutherford esprimeva spesso la sua ammirazione per i nuovi metodi teorici e si interessava anche alle implicazioni filosofiche della teoria dei quanti. Ricordo, in particolare, che in occasione della mia ultima visita, poche settimane prima della sua morte, era rimasto affascinato dall'applicazione del metodo della complementarità ai problemi biologici e sociali, e discusse appassionatamente la possibilità di ottenere dati sull'origine delle tradizioni e dei pregiudizi nazionali mediante procedimenti inconsueti come lo scambio tra nazioni di bambini appena nati.

Poche settimane dopo, a Bologna, durante le celebrazioni del centenario di Galvani, apprendemmo con dolore e costernazione della sua morte. Partii subito per l'Inghilterra per assistere ai funerali. Essendo stato con entrambi cosí breve tempo prima e avendo visto Rutherford in tutto il suo vigore, quello con Mary Rutherford fu davvero un tragico incontro. Parlammo della grande vita di Ernest, durante la quale fin dalla prima gioventú gli era stata cosí fedele compagna, e di come per me era stato quasi un secondo padre. Alcuni giorni dopo Rutherford fu sepolto vicino al sarcofago di Newton nell'Abbazia di Westminster.

Rutherford non visse abbastanza a lungo per assistere alla grande rivoluzione tecnologica che la sua scoperta del nucleo e le altre sue ricerche fondamentali hanno reso possibile. Tuttavia egli fu sempre consapevole della responsabilità connessa con ogni incremento delle nostre conoscenze e capacità. Noi ora ci troviamo di fronte a una delle prove piú serie di tutta la nostra civiltà: dobbiamo impedire l'uso disastroso delle potenze formidabili di cui ora disponiamo e servircene invece per promuovere il benessere di tutta l'umanità. Alcuni di noi, chiamati a partecipare ai progetti di guerra, pensarono spesso a Rutherford e cercarono modestamente di agire come si può pensare che egli avrebbe agito.

La memoria che Rutherford ha lasciato è per chi ha avuto la buona sorte di conoscerlo e di stargli vicino una sorgente continua d'incoraggiamento e di forza. Le generazioni che proseguiranno l'esplorazione del mondo degli atomi continueranno a trarre ispirazione dal lavoro e dalla vita del grande pioniere.

14.
La genesi della meccanica quantistica

1961

Incontrai Heisenberg per la prima volta circa quarant'anni fa nella primavera del 1922 quando egli era ancora un giovane studente. Fu a Gottinga, dove ero stato invitato a tenere una serie di lezioni sullo stato della teoria dei quanti della struttura atomica. Nonostante i grandi progressi fatti da Sommerfeld e dalla sua scuola grazie a una suprema padronanza dei metodi sviluppati da Hamilton e Jacobi per trattare i sistemi meccanici in termini di grandezze invarianti d'azione, il problema d'incorporare il quanto d'azione in una generalizzazione coerente della fisica classica presentava ancora notevoli difficoltà. I diversi atteggiamenti al riguardo davano origine a discussioni vivaci e io ricordo con piacere l'interesse con cui soprattutto i giovani rispondevano all'enfasi che ponevo sul principio di corrispondenza come guida per i futuri sviluppi.

In quell'occasione discutemmo la possibilità che due degli allievi piú giovani di Sommerfeld, di cui egli aveva la piú grande stima, venissero a Copenaghen. Mentre Pauli si univa al nostro gruppo già quello stesso anno, Heisenberg rimase ancora per un anno a Monaco su consiglio di Sommerfeld per completare la sua tesi di dottorato. Prima che Heisenberg venisse a Copenaghen per un piú lungo periodo, nell'autunno del 1924, avemmo il piacere di vederlo per breve tempo già nella primavera precedente. Le discussioni di Gottinga furono allora continuate sia in istituto che durante lunghe passeggiate, e io riportai un'impressione ancora piú forte delle doti rarissime di Heisenberg.

Le nostre conversazioni toccarono molti problemi di fisica e di filosofia e in particolare i requisiti necessari di una definizione univoca dei concetti in questione. Le discussioni dei problemi di fisica atomica riguardavano soprattutto la stranezza del carattere del quanto d'azione in relazione ai concetti impiegati nella descrizione dei risultati sperimentali, e a questo proposito considerammo anche la possibilità che nuove astrazioni matematiche potessero rivelarsi utili qui come nella teoria della relatività. A quel tempo queste prospettive non erano ancora a portata di mano, ma lo sviluppo delle idee stava entrando in una nuova fase.

Un tentativo di ricondurre singole reazioni atomiche nell'ambito della teoria classica della radiazione era stato fatto in collaborazione con Kramers e Slater. Benché sulle prime incontrassimo difficoltà per la conservazione rigorosa dell'energia e della quantità di moto, questi studi portarono a sviluppare la nozione di oscillatore virtuale come tratto d'unione tra atomi e campi di radiazione. Poco dopo un notevole passo avanti fu fatto da Kramers con la sua teoria della dispersione che, sviluppata secondo le linee del principio di corrispondenza, permise di stabilire la connessione con le leggi probabilistiche generali formulate da Einstein per i processi di assorbimento e di emissione spontanea e indotta.

Heisenberg e Kramers avviarono immediatamente una stretta collaborazione che portò a un'estensione della teoria della dispersione. In particolare essi studiarono un nuovo tipo di reazione atomica connessa con le perturbazioni prodotte dai campi di radiazione. Tuttavia la trattazione rimaneva semiempirica nel senso che non conteneva una base per dedurre i termini spettrali degli atomi o le loro probabilità di reazione. Si aveva allora soltanto una vaga speranza che la connessione summenzionata tra effetti radiativi e dispersione potesse venire utilizzata per giungere a una riformulazione graduale della teoria mediante la quale ogni uso non appropriato delle idee classiche fosse via via eliminato. Impressionati dalle difficoltà di un simile programma, sentimmo perciò tutti la piú grande ammirazione per Heisenberg quando, appena ventitreenne, trovò che lo scopo poteva essere raggiunto in un colpo solo.

Con la sua geniale rappresentazione delle grandezze cinematiche e dinamiche mediante simboli non commutanti venivano infatti poste le basi di tutto il susseguente sviluppo. Il compimento formale della nuova meccanica quantistica fu presto raggiunto in stretta collaborazione con Born e Jordan. A questo proposito vorrei ricordare che Heisenberg, ricevendo una lettera di Jordan, ebbe a dire pressappoco: "Ora i dotti matematici di Gottinga non fanno che parlare di matrici hermitiane, ma io non so nemmeno che cosa sia una matrice." Poco dopo Dirac, cui Heisenberg aveva parlato delle proprie idee durante una visita a Cambridge, forní un altro brillante esempio di giovane fisico capace di creare da solo i mezzi matematici necessari per il suo lavoro.

Benché il nuovo formalismo rappresentasse un decisivo passo avanti nella descrizione coerente dei problemi quantistici, sembrò per qualche tempo che i requisiti di corrispondenza non fossero ancora tutti soddisfatti. Per esempio ricordo che Pauli, la cui trattazione dei livelli energetici dell'atomo di idrogeno fu una delle prime applicazioni delle idee di Heisenberg, esprimeva il suo scontento al riguardo. Egli sottolineava che, mentre è ovvio che la posizione della luna nella sua orbita intorno alla terra può essere determinata esattamente, secondo la meccanica delle matrici per ogni stato di un sistema a due corpi con energia ben definita sono consentite soltanto previsioni statistiche circa le grandezze cinematiche in giuoco.

A questo riguardo nuova luce doveva venire dall'analogia tra il moto delle particelle materiali e la propagazione per onde dei fotoni osservata da de Broglie già nel 1924. Su questa base Schrödinger riusciva nel 1926, con la sua famosa equazione delle onde, ad applicare brillantemente la potente teoria delle funzioni alla trattazione di molti problemi atomici. Per il problema corrispondenziale era importante soprattutto che ogni soluzione dell'equazione di Schrödinger potesse venire rappresentata mediante una sovrapposizione di autofunzioni armoniche, essendo cosí possibile vedere nei particolari come il moto delle particelle possa venire confrontato con la propagazione dei pacchetti d'onda.

All'inizio tuttavia non appariva molto chiara la relazione mutua tra le due trattazioni, matematicamente cosí differenti, dei problemi quantistici. Come esempio delle discussioni di quei giorni posso ricordare come un dubbio, espresso da Heisenberg circa la possibilità di spiegare l'effetto Stern-Gerlach in termini di propagazione ondosa, venne dissipato da Oskar Klein. Questi, che aveva una particolare familiarità con l'analogia tra la meccanica e l'ottica messa in evidenza da Hamilton ed era anche pervenuto da solo all'idea di un'equazione ondulatoria, non fece ricorso ad altro che alla vecchia spiegazione della birifrazione nei cristalli data da Huygens. La visita di Schrödinger a Copenaghen nell'autunno del 1926 fu l'occasione di un vivacissimo scambio di idee. In quell'occasione Heisenberg e io tentammo di convincerlo che la sua magnifica trattazione dei fenomeni dispersivi non poteva essere conciliata con la legge di Planck della radiazione del corpo nero, se non si teneva espressamente conto del carattere individuale dei processi di assorbimento e di emissione.

L'interpretazione statistica della meccanica ondulatoria di Schrödinger venne ben presto attraverso lo studio fatto da Born dei problemi d'urto. La completa equivalenza dei diversi metodi veniva pure stabilita, già nel 1926, con la teoria delle trasformazioni di Dirac e Jordan. A questo riguardo ricordo che, nel corso di un seminario, Heisenberg osservò che la meccanica delle matrici permette di determinare il valore d'aspettazione non solo delle grandezze fisiche, ma anche di ogni potenza di queste e che nella discussione che ne seguí Dirac affermò che era stata appunto questa osservazione a fargli nascere l'idea delle trasformazioni generali.

Nell'inverno del 1925-26 mi recai per alcuni giorni a Gottinga, dove Heisenberg stava lavorando. Parlammo molto della scoperta dello spin dell'elettrone, la cui vicenda è stata illustrata sotto i piú vari aspetti nel recente volume commemorativo dedicato a Pauli.

Fu con grande piacere per tutto il gruppo di Copenaghen che durante questa visita Heisenberg acconsentí a tenere nel nostro istituto le lezioni che Kramers aveva tenuto prima di accettare la cattedra di fisica teorica di Utrecht. Le sue lezioni nel successivo anno accademico furono apprezzate dagli studenti non solo per il loro contenuto, ma anche per la perfetta padronanza della lingua danese che Heisenberg aveva.

Quell'anno fu eccezionalmente fecondo per la continuazione del lavoro scientifico di Heisenberg. Un risultato fondamentale fu la chiarificazione della duplicità dello spettro dell'elio, ritenuta per molto tempo una delle maggiori difficoltà nella teoria quantistica dell'atomo. Attraverso la trattazione di Heisenberg dello spin dell'elettrone in connessione con le proprietà di simmetria delle funzioni d'onda il principio di Pauli appariva in una luce molto piú chiara, e da ciò dovevano derivare immediatamente importantissime conseguenze. Lo stesso Heisenberg pervenne direttamente a una spiegazione del ferromagnetismo, e poco dopo Heitler e London chiarirono il problema dei legami chimici omopolari, mentre Dennison risolse il vecchio enigma del calore specifico dell'idrogeno.

In connessione con il rapido sviluppo della fisica atomica in quegli anni l'interesse si focalizzò sempre piú sulla questione dell'inquadramento logico della grande quantità di dati empirici. Lo studio profondo che Heisenberg fece di questi problemi trovò espressione nel famoso lavoro dal titolo "Il contenuto intuitivo della cinematica e della meccanica quantistiche", che apparve verso la fine della sua permanenza a Copenaghen e in cui furono formulate per la prima volta le relazioni d'indeterminazione. Fin dall'inizio l'atteggiamento verso gli apparenti paradossi della teoria dei quanti fu caratterizzato dal forte accento posto sul carattere di individualità dei processi elementari, connesso con l'esistenza del quanto d'azione. Se fino a quel momento era stato chiaro che l'energia e le altre quantità invarianti potevano essere rigorosamente definite solo per i sistemi isolati, l'analisi di Heisenberg rivelò in che misura lo stato di un sistema atomico viene influenzato durante qualunque osservazione dall'inevitabile interazione con gli strumenti di misura.

I problemi dell'osservazione riportarono in primo piano le questioni di cui Heisenberg e io avevamo parlato durante la sua prima visita a Copenaghen, e diedero origine a nuove discussioni sui problemi epistemologici generali. La semplice esigenza di poter comunicare in modo univoco i risultati sperimentali implica che l'apparato e i dati dell'osservazione siano descrivibili mediante quel linguaggio comune che è stato formulato per muoverci nel nostro ambiente. Ne segue che la descrizione dei fenomeni quantici richiede una distinzione di principio tra gli oggetti in studio e l'apparato che definisce le condizioni sperimentali. In particolare i contrasti di nuovo tipo che qui s'incontrano sottolineano la necessità, ben nota in altri campi dell'esperienza, di tenere conto delle condizioni in cui l'esperienza è ottenuta.

15.

I congressi Solvay e lo sviluppo della fisica quantistica

1961

La serie di congressi, iniziata esattamente cinquant'anni fa grazie all'opera illuminata di Ernest Solvay e continuata sotto gli auspici dell'Istituto internazionale di fisica da lui fondato, ha offerto ai fisici occasioni uniche per la discussione di problemi fondamentali che nei vari momenti sono stati al centro dell'interesse generale, e hanno stimolato in diversi modi il moderno sviluppo della fisica.

L'accurata registrazione delle relazioni e delle successive discussioni in tutti questi convegni costituisce una preziosa fonte d'informazione per gli studiosi di storia della scienza che vorranno farsi un'idea del modo in cui furono affrontati i nuovi problemi presentatisi all'inizio del nostro secolo. Infatti la graduale chiarificazione di questi problemi a opera degli sforzi combinati di un'intera generazione di fisici doveva nei decenni seguenti non solo aumentare enormemente la nostra conoscenza della costituzione atomica della materia, ma addirittura portare a una concezione nuova per ciò che concerne l'interpretazione dell'esperienza fisica.

Avendo preso parte a molti dei congressi Solvay e avendo avuto contatti personali con molti dei partecipanti ai primi di questi, ho accettato volentieri l'invito a richiamare alcuni dei miei ricordi sulla parte avuta da quelle discussioni nella chiarificazione dei problemi che via via si ponevano. Nel fare questo, cercherò di presentare gli argomenti sullo sfondo del multiforme sviluppo che la fisica atomica ha subíto negli ultimi cinquant'anni.

1. Il titolo del primo congresso Solvay, tenuto nel 1911, *Teoria della radiazione e quanti*, indica chiaramente il tema delle discussioni di quei giorni. I progressi piú importanti della fisica nel secolo scorso erano forse stati lo sviluppo della teoria elettromagnetica di Maxwell, che dava una spiegazione profonda dei fenomeni radiativi, e l'interpretazione statistica dei princípi termodinamici culminante nella scoperta di Boltzmann della relazione tra l'entropia e la probabilità dello stato di un sistema meccanico complesso. Tuttavia la spiegazione della distribuzione spettrale della radiazione all'equilibrio termico con le pareti di una cavità presentava difficoltà insospettate, messe particolarmente in luce dalla magistrale analisi di Rayleigh.

Una svolta si ebbe nel primo anno del secolo con la scoperta di Planck del quanto universale d'azione, che rivelava nei processi atomici un aspetto d'individualità completamente estraneo alle concezioni fisiche classiche e giungeva a trascendere la stessa dottrina tradizionale della divisibilità limitata della materia. In questa nuova situazione gli apparenti paradossi insiti in ogni tentativo di descrivere nei particolari l'interazione tra radiazione e materia furono subito sottolineati da Einstein, che non solo richiamò l'attenzione sulla conferma delle idee di Planck offerta dallo studio del calore specifico dei solidi a bassa temperatura ma, in connessione con la sua trattazione originale dell'effetto fotoelettrico, introdusse anche l'idea dei quanti di luce, o fotoni, come portatori di energia e quantità di moto nei processi radiativi elementari.

L'introduzione del concetto di fotone sembrò risuscitare l'antico dilemma dei giorni di Newton e di Huygens tra struttura corpuscolare e ondulatoria della luce, già risolto in favore di quest'ultima con l'affermarsi della teoria elettromagnetica della radiazione. La situazione era quanto mai singolare, poiché la definizione stessa dell'energia o della quantità di moto del fotone, date dal prodotto della costante di Planck per la frequenza o il numero d'onda della radiazione, fa riferimento diretto a parametri tipici di una descrizione ondulatoria. Si era di fronte a una relazione del tutto nuova di complementarità nell'applicazione di differenti concetti fondamentali della fisica classica; lo studio di questa relazione doveva rivelare i limiti di validità della descrizione deterministica e la necessità di una spiegazione essenzialmente statistica fin dei piú elementari processi atomici.

Le discussioni del congresso furono aperte da Lorentz con una brillante esposizione dell'argomentazione, basata su idee classiche, che porta alla formulazione del principio di equipartizione dell'energia tra i vari gradi di libertà di un sistema fisico, con inclusione, oltre il moto delle particelle materiali, dei modi normali di vibrazione del campo elettromagnetico associato alla carica elettrica delle particelle. L'argomentazione, che seguiva le linee dell'analisi dell'equilibrio termico radiativo fatta da Rayleigh, conduceva tuttavia al ben noto paradosso che nessun equilibrio di temperatura è possibile, perché l'intera energia del sistema si trasferisce gradualmente alle vibrazioni elettromagnetiche di frequenza sempre piú elevata.

Per quanto si poteva vedere il solo modo di conciliare la teoria della radiazione con i princípi della meccanica statistica ordinaria era quello suggerito da Jeans di pensare che sperimentalmente non si aveva a che fare con un vero equilibrio, ma piuttosto con uno stato quasi stazionario in cui sfuggiva all'osservazione la produzione di radiazione ad alta frequenza. A testimoniare dell'acutezza con cui erano sentite le difficoltà della teoria della radiazione c'è anche una lettera di Lord Rayleigh, che fu letta alla conferenza, in cui egli ammoniva a prendere in seria considerazione l'idea di Jeans. A un piú attento esame doveva però apparire evidente che l'argomento di Jeans non poteva essere sostenuto.

Le relazioni e le discussioni della conferenza furono delle piú illuminanti sotto diversi aspetti. Dopo le relazioni di Warburg e Rubens sui dati sperimentali che confermavano la legge di Planck della radiazione termica, lo stesso Planck fece un'esposizione degli argomenti che lo avevano condotto alla scoperta del quanto d'azione. Parlando delle difficoltà di armonizzare questo nuovo aspetto con lo schema concettuale della fisica classica, egli sottolineava che il punto essenziale non era tanto l'introduzione della nuova ipotesi dei quanti di energia, quanto il rimodellamento del concetto stesso di azione, ed esprimeva la convinzione che il principio della minima azione, conservato anche nella teoria della relatività, avrebbe potuto servire di guida per il futuro della teoria dei quanti.

Nell'ultima relazione della conferenza, Einstein passò in rassegna molte applicazioni del concetto di quanto e in particolare espose gli argomenti da lui usati per spiegare le anomalie dei calori specifici alle basse temperature. La discussione di questi fenomeni era stata aperta da un intervento di Nernst sull'applicazione della teoria dei quanti a diversi problemi di fisica e di chimica, in cui venivano prese particolarmente in considerazione le proprietà della materia a temperature molto basse. È di grande interesse rileggere le osservazioni secondo cui il ben noto teorema relativo all'entropia dello zero assoluto, di cui egli fin dal 1906 aveva fatto importanti applicazioni, poteva ora apparire come un caso particolare di una legge piú generale deducibile dalla teoria dei quanti. Tuttavia il fenomeno della superconduttività di certi metalli a temperature estremamente basse, sulla cui scoperta riferí Kamerlingh Onnes, rappresentava un vero mistero che poté essere spiegato solo molti anni piú tardi.

Una novità che fu dibattuta sotto vari aspetti, era l'idea di Nernst delle rotazioni quantizzate delle molecole dei gas, che doveva ricevere una magnifica conferma sperimentale dalle misure della struttura fine delle righe di assorbimento nell'infrarosso. Un'applicazione analoga della teoria dei quanti fu suggerita da Langevin nella relazione sulla sua teoria della dipendenza delle proprietà magnetiche della materia dalla temperatura, in cui si fa particolare appello all'idea del magnetone, introdotto da Weiss per spiegare le notevoli relazioni numeriche intercorrenti tra le intensità dei momenti magnetici elementari degli atomi ricavate dalle sue misure. Infatti, come Langevin mostrava, il valore del magnetone poteva in ogni caso venire dedotto con buona approssimazione con l'ipotesi che gli elettroni ruotino con momenti angolari corrispondenti a un quanto di Planck.

Altri ingegnosi tentativi euristici, tendenti a rivelare aspetti quantici in molte proprietà della materia, furono descritti da Sommerfeld che discusse in particolare la produzione di raggi X mediante elettroni veloci e alcuni problemi relativi alla ionizzazione degli atomi per fotoeffetto e per urto elettronico. In connessione con l'ultimo problema, Sommerfeld richiamò l'attenzione sulla somiglianza tra alcune delle sue considerazioni e quelle esposte in un lavoro recente da Haas che, in un tentativo di applicazione delle idee quantistiche al legame elettronico in un modello atomico simile a quello di J. J. Thomson, aveva ottenuto frequenze rotazionali dello stesso ordine di grandezza delle frequenze degli spettri ottici. Sommerfeld aggiungeva che, invece di tentare di derivare la costante di Planck da queste considerazioni, egli avrebbe piuttosto preso l'esistenza del quanto d'azione a fondamento di qualunque metodo di studio della costituzione degli atomi e delle molecole. In considerazione delle piú recenti tendenze di sviluppo quest'affermazione ha carattere quasi profetico.

Benché nei giorni della conferenza non si potesse ovviamente pensare a una trattazione globale dei problemi sollevati dalla scoperta di Planck, tutti convenivano nel giudicare che nuove grandi prospettive si aprivano per la fisica. Tuttavia, benché apparisse necessaria una revisione radicale dei fondamenti per l'uso univoco dei concetti fisici elementari, era incoraggiante vedere confermata la solidità delle basi dell'edificio dai nuovi successi del metodo classico nello studio delle proprietà dei gas rarefatti e nell'uso delle fluttuazioni statistiche per il conteggio degli atomi. Nel corso della conferenza, molto opportunamente, Martin Knudsen e Jean Perrin riferirono su questi argomenti.

Un vivido resoconto delle discussioni del primo congresso Solvay mi venne fatto da Rutherford quando lo incontrai a Manchester poco dopo il suo ritorno da Bruxelles. In quell'occasione tuttavia Rutherford non mi disse, e di ciò mi resi conto solo pochi mesi fa scorrendo gli atti della conferenza, che nelle discussioni non si era parlato di un evento recente che avrebbe avuto le piú profonde conseguenze, cioè della sua scoperta del nucleo atomico. Infatti, completando in un modo cosí inatteso il quadro sperimentale circa la struttura dell'atomo, interpretabile mediante semplici concetti meccanici, e al tempo stesso rivelando l'inadeguatezza di questi concetti per tutti i problemi connessi con la stabilità dei sistemi atomici, la scoperta di Rutherford non doveva solo servire di guida, ma rimanere un problema aperto ancora per molti stadi dello sviluppo della fisica quantistica.

2. All'epoca della seconda conferenza, che si svolse nel 1913 ed ebbe per tema la *Struttura della materia*, molti nuovi risultati erano già stati conseguiti grazie alla scoperta della diffrazione dei raggi Röntgen nei cristalli fatta da Laue nel 1912. La scoperta eliminava infatti gli ultimi dubbi sulla necessità di attribuire proprietà ondulatorie a questa radiazione penetrante, i cui aspetti corpuscolari nell'interazione con la materia, come aveva particolarmente sottolineato William Bragg, erano stati illustrati in modo sorprendente dalle fotografie in camera di Wilson delle tracce di elettroni veloci liberati dall'assorbimento della radiazione nei gas. Com'è ben noto, la scoperta di Laue permise le brillanti indagini sulle strutture cristalline di William e di Lawrence Bragg, che analizzando la riflessione di una radiazione monocromatica sulle varie sequenze di piani reticolari di un cristallo riuscirono a determinare la lunghezza d'onda della radiazione e il tipo di simmetria del reticolo.

La discussione di questi sviluppi, che costituirono il principale argomento della conferenza, fu preceduta da una relazione di J. J. Thomson sul modello della costituzione elettronica dell'atomo con cui senza scostarsi dai princípi fisici classici egli era riuscito, almeno in modo qualitativo, a interpretare molte proprietà generali della materia. È illuminante per la comprensione dell'atteggiamento generale dei fisici a quel tempo notare come non fosse ancora generalmente apprezzata l'importanza eccezionale che aveva per queste ricerche la scoperta di Rutherford del nucleo atomico. Il solo accenno a questa scoperta fu fatto dallo stesso Rutherford che nella discussione che seguí alla relazione di Thomson insistette sull'abbondanza e accuratezza dei dati che stavano alla base del suo modello nucleare.

In effetti solo pochi mesi prima della conferenza era stato pubblicato il mio lavoro sulla costituzione dell'atomo, in cui veniva fatto il primo tentativo di applicare il modello atomico di Rutherford per spiegare le proprietà specifiche degli elementi dipendenti dal legame degli elettroni intorno al nucleo. Come ho già detto, il problema presentava difficoltà insormontabili per la meccanica e l'elettrodinamica classiche, per le quali nessun sistema di cariche puntiformi ammette uno stato di equilibrio statico stabile e ogni moto degli elettroni intorno al nucleo dovrebbe dare origine a una dissipazione di energia per irraggiamento, accompagnata da una rapida contrazione delle orbite entro regioni di dimensioni molto minori di quelle indicate dall'esperienza fisica e chimica. Questa situazione suggeriva perciò di basare la trattazione dei problemi di stabilità direttamente sul carattere individuale dei processi atomici rivelato dalla scoperta del quanto d'azione.

Un punto di partenza era offerto dalle regolarità osservate negli spettri ottici degli elementi che, come Rydberg aveva notato per primo, potevano venire compendiate nel principio di combinazione, in base al quale la frequenza di ogni riga di un dato spettro è esprimibile con estrema precisione come differenza di due membri di un insieme di termini caratteristico dell'elemento in questione. Prendendo direttamente ispirazione dalla trattazione di Einstein del fotoeffetto, era infatti possibile interpretare la legge di combinazione come la manifestazione dei processi elementari in cui l'atomo emettendo o assorbendo radiazione monocromatica passa da uno stato stazionario a un altro. Questa idea, che consentiva d'identificare il prodotto della costante di Planck per uno dei termini spettrali con l'energia di legame dell'elettrone nel corrispondente stato stazionario, permetteva anche di spiegare in modo semplice la relazione apparentemente capricciosa tra le righe di emissione e quelle di assorbimento, attribuendo le prime alle transizioni da uno stato eccitato dell'atomo a un altro di energia inferiore e le seconde in generale a transizioni dallo stato fondamentale di energia minima a uno stato eccitato.

Descrivendo provvisoriamente questi stati come moti planetari obbedienti alle leggi di Keplero, fu possibile ricavare la costante di Rydberg mediante un opportuno confronto con l'espressione originale di Planck degli stati energetici di un oscillatore armonico. L'intima connessione con il modello di Rutherford appare fra l'altro nella semplice relazione esistente tra lo spettro dell'atomo d'idrogeno e quello dell'elio ionizzato, casi in cui si ha a che fare con sistemi consistenti in un elettrone legato a un nucleo di estensione piccolissima e di carica uguale a uno e due rispettivamente. A questo riguardo è interessante ricordare che, proprio al tempo della conferenza, Moseley stava studiando lo spettro di alta frequenza degli elementi con il metodo di Laue-Bragg e aveva già scoperto alcune leggi particolarmente semplici che permettevano di identificare la carica nucleare di ogni elemento e davano anche la prima indicazione diretta di quella struttura a cortecce delle configurazioni elettroniche che è responsabile delle periodicità osservate nella tavola di Mendeleev.

3. A causa dell'interruzione della collaborazione scientifica internazionale causata dalla prima guerra mondiale, i congressi Solvay furono ripresi solo nella primavera del 1921. La conferenza, dedicata ad *Atomi ed elettroni*, fu aperta da Lorentz con una lucida esposizione dei princípi della teoria classica dell'elettrone, che in particolare aveva spiegato alcuni aspetti essenziali dell'effetto Zeeman indicando direttamente nei moti elettronici l'origine degli spettri.

Subito dopo Rutherford fece un resoconto particolareggiato dei numerosi fenomeni che nel frattempo erano stati interpretati convincentemente dal suo modello. A parte la comprensione immediata di alcuni aspetti essenziali delle trasformazioni radioattive e dell'esistenza degli isotopi, l'applicazione della teoria dei quanti al legame degli elettroni nell'atomo aveva fatto progressi considerevoli. In particolare la classificazione piú completa degli stati stazionari data da Sommerfeld e dalla sua scuola mediante gli integrali invarianti d'azione aveva permesso di spiegare molti particolari della struttura degli spettri e soprattutto l'effetto Stark, la cui scoperta aveva definitivamente escluso la possibilità di ricondurre le righe spettrali a vibrazioni armoniche degli elettroni nell'atomo.

Negli anni che seguirono fu possibile, attraverso gli studi degli spettri ottici e di alta frequenza fatti da Siegbahm, Catalan e altri, pervenire a una descrizione particolareggiata della struttura a strati della distribuzione degli elettroni nello stato fondamentale dell'atomo. Questi progressi richiesero l'acquisizione del principio di Pauli della mutua esclusione tra stati quantici equivalenti e la scoperta dello spin intrinseco, responsabile di uno scostamento dalla simmetria centrale negli stati legati degli elettroni necessario per spiegare l'effetto Zeeman anomalo sulla base del modello di Rutherford.

Mentre questi sviluppi teorici erano ancora di là da venire, alla conferenza furono presentate relazioni sui recenti dati sperimentali relativi all'interazione tra radiazione e materia. Cosí, Maurice de Broglie discusse alcuni effetti molto interessanti osservati nei suoi esperimenti con raggi X, che in particolare avevano rivelato una relazione tra i processi di assorbimento e di emissione analoga a quella osservata nella regione ottica degli spettri. Inoltre Millikan riferí sulla continuazione delle sue indagini sistematiche sull'effetto fotoelettrico, che, com'è ben noto, migliorarono moltissimo la determinazione empirica della costante di Planck.

Un contributo d'importanza fondamentale alla fondazione della teoria dei quanti era già stato dato durante la guerra da Einstein, che aveva mostrato come la formula di Planck della radiazione può venire ricavata in maniera semplice dalle stesse ipotesi che servono per spiegare le regolarità degli spettri e che nel frattempo avevano ricevuto straordinaria conferma dai famosi studi di Franck e Hertz sull'eccitazione degli atomi per bombardamento elettronico. Infatti la geniale formulazione di Einstein delle leggi probabilistiche generali governanti le transizioni radiative spontanee tra stati stazionari e le transizioni indotte dalla radiazione, nonché la sua analisi della conservazione dell'energia e della quantità di moto nei processi di emissione e di assorbimento, dovevano rivelarsi essenziali per gli sviluppi successivi.

Al tempo della conferenza, mediante argomentazioni molto generali erano stati fatti alcuni progressi preliminari sulla via dell'accertamento della compatibilità con i princípi termodinamici e con la descrizione classica nel limite in cui l'azione in giuoco diventa grande abbastanza da permettere di trascurare i quanti individuali. Per il primo punto Ehrenfest aveva scoperto il principio dell'invarianza adiabatica degli stati stazionari. Per il secondo fu di aiuto il cosiddetto principio di corrispondenza che fin dall'inizio era servito di guida per l'esplorazione qualitativa di diversi fenomeni atomici e che doveva fare della descrizione statistica dei processi quantici individuali una generalizzazione razionale della descrizione deterministica classica.

Io ero stato invitato a presentare una rassegna generale di questi sviluppi recenti, ma mi ammalai e molto gentilmente Ehrenfest lesse il mio discorso, cui aggiunse una limpidissima analisi dei punti essenziali del principio di corrispondenza. Con il senso acuto delle persistenti deficienze e con il cado entusiamo anche per i piú modesti progressi che gli erano tipici, Ehrenfest rese perfettamente lo stato fluttuante delle nostre idee a quel tempo e il senso di attesa per i prossimi, decisivi progressi.

4. Quanto rimanesse da fare per giungere a una descrizione coerente e completa delle proprietà della materia apparve chiaramente

dalle discussioni del successivo congresso, tenuto nel 1924 e dedicato al problema della conduzione nei metalli. Una rassegna dei procedimenti con cui il problema poteva venire trattato secondo i princípi classici fu presentata da Lorentz, che in una serie di lavori famosi aveva condotto alle sue ultime conseguenze l'ipotesi che gli elettroni si comportino nei metalli come un gas obbediente alla legge maxwelliana di distribuzione delle velocità. Nonostante i successi iniziali, seri dubbi sull'adeguatezza di queste idee si erano gradatamente fatti strada. Le difficoltà furono ulteriormente sottolineate durante le discussioni della conferenza, ove relazioni sui progressi sperimentali furono presentate da esperti come Bridgman, Kamerlingh Onnes, Rosenhain e Hall e gli aspetti teorici della situazione furono illustrati principalmente da Richardson, che aveva anche fatto un tentativo di applicazione della teoria dei quanti lungo le linee seguite per i problemi atomici.

Al tempo della conferenza era tuttavia diventato sempre piú evidente che anche un uso limitato di descrizioni meccaniche come quello conservato nel metodo corrispondenziale non era consentito nella trattazione dei problemi piú complicati. Riandando a quei giorni si vede che diversi progressi, importanti per gli sviluppi susseguenti, erano già stati fatti. Cosí, Arthur Compton nel 1923 aveva scoperto la variazione della frequenza dei raggi X diffusi da elettroni liberi e insieme a Debye aveva sottolineato la conferma che ne veniva per la concezione einsteiniana del fotone, nonostante le accresciute difficoltà di descrivere la correlazione tra i processi di assorbimento e di emissione dei fotoni da parte dell'elettrone nel semplice modo impiegato per interpretare gli spettri atomici.

Di lí a un anno questi problemi apparvero però sotto una nuova luce, in seguito alla proposta di Louis de Broglie di rappresentare il moto di una particella mediante la propagazione di un'onda, idea che doveva presto venire brillantemente confermata dagli esperimenti di Davisson e Germer e di George Thomson sulla diffrazione degli elettroni nei cristalli. Non è il caso che io ricordi qui nei particolari come l'idea originale di de Broglie assunse importanza fondamentale nelle mani di Schrödinger per giungere a stabilire quella sua equazione d'onda, che rendendo possibile l'applicazione dei metodi della fisico-matematica divenne un mezzo potentissimo per la chiarificazione dei piú svariati problemi atomici.

Com'è noto, un altro attacco al problema fondamentale della fisica quantistica era stato iniziato nel 1924 da Kramers che un mese prima della conferenza era riuscito a sviluppare una teoria generale della dispersione della radiazione nei sistemi atomici. La trattazione della dispersione era sempre stata un capitolo essenziale della descrizione classica dei problemi della radiazione ed è interessante notare che Lorentz stesso aveva ripetutamente richiamato l'attenzione sull'assenza di un'analoga trattazione nella teoria dei quanti. Valendosi di argomenti corrispondenziali, Kramers mostrò che il fenomeno della dispersione poteva venire direttamente ricollegato alle leggi statistiche formulate da Einstein per i processi radiativi spontanei e indotti.

Fu infatti nella teoria della dispersione, ulteriormente sviluppata da Kramers e Heisenberg in modo da includervi gli effetti dovuti alle perturbazioni degli stati atomici prodotte dai campi elettromagnetici, che Heisenberg trovò un punto di appoggio per lo sviluppo di un formalismo quantistico, da cui ogni riferimento a descrizioni classiche all'infuori della corrispondenza asintotica è rigorosamente eliminato. Attraverso il lavoro di Born, Heisenberg, Jordan e Dirac questa concezione audace e geniale ricevette presto una formulazione generale, in cui le variabili classiche cinematiche e dinamiche sono sostituite da operatori obbedienti a un'algebra non commutativa dipendente dalla costante di Planck.

La connessione tra i metodi di Heisenberg e di Schrödinger e l'interpretazione del formalismo furono poco dopo chiariti da Dirac e Jordan facendo ricorso alle trasformazioni canoniche delle variabili secondo le linee dell'originale trattazione di Hamilton dei problemi della meccanica classica. In particolare le loro considerazioni servirono a chiarire il contrasto apparente tra il principio di sovrapposizione della meccanica ondulatoria e il postulato dell'individualità dei processi quantici elementari. Dirac riuscí ad applicarle anche ai problemi del campo elettromagnetico e, usando come variabili coniugate le ampiezze e le fasi delle componenti armoniche, sviluppò una teoria della radiazione in cui il concetto originale di Einstein del fotone risultava coerentemente incorporato. Tutto questo sviluppo rivoluzionario doveva costituire lo sfondo su cui si svolse la successiva conferenza, che fu il primo dei congressi Solvay cui potei prendere parte.

5. Il congresso del 1927, il cui tema era *Elettroni e fotoni*, venne aperto dalle relazioni di Lawrence Bragg e Arthur Compton sui nuovi, ricchi dati sperimentali raccolti sulla diffusione della radiazione di alta frequenza su elettroni: diffusione i cui aspetti differivano notevolmente secondo che gli elettroni fossero fortemente legati in strutture cristalline pesanti o praticamente liberi in atomi di gas leggeri. Seguivano relazioni assai interessanti di Louis de Broglie, Born, Heisenberg e Schrödinger sui notevoli progressi fatti nella formulazione coerente della teoria dei quanti cui accennavo poco fa.

Uno dei temi dominanti della discussione fu la rinuncia alla descrizione deterministica intuitiva che i nuovi metodi comportavano. In particolare si cercò di vedere fino a che punto la meccanica ondulatoria consentisse uno scostamento dalla descrizione usuale meno radicale di quello implicito in tutti i tentativi effettuati per risolvere i paradossi cui la scoperta del quanto d'azione aveva dato origine fin dall'inizio. Tuttavia, se il carattere essenzialmente statistico dell'interpretazione dell'esperienza fisica in termini di onde risultava già evidente nella trattazione di Born dei problemi d'urto, forse l'aspetto simbolico dell'intera concezione appariva sottolineato soprattutto dalla necessità di sostituire all'ordinaria descrizione tridimensionale la rappresentazione dello stato di un sistema di piú particelle mediante una funzione d'onda in uno spazio configurazionale con un numero di dimensioni uguale a quello dei gradi di libertà del sistema.

Quest'ultimo punto fu particolarmente discusso in connessione con i progressi che erano stati fatti nella trattazione dei sistemi contenenti particelle aventi massa, spin e carica uguali, dai quali risultava per queste particelle "identiche" una perdita d'individualità nuova rispetto alla concezione corpuscolare classica. Anticipazioni di questi nuovi aspetti per il caso degli elettroni erano già contenute nella formulazione di Pauli del principio di esclusione e in connessione con l'aspetto corpuscolare dei fotoni Bose aveva richiamato ancora prima l'attenzione sulla possibilità di ricavare semplicemente la formula di Planck per il corpo nero facendo uso di una statistica che calcolasse il numero delle complessioni di un sistema di piú particelle in modo diverso dalla statistica di Boltzmann, che già tante applicazioni aveva trovato nella meccanica classica.

Nel 1926 un contributo decisivo alla trattazione degli atomi con piú di un elettrone era stato dato da Heisenberg con la sua spiegazione della duplicità dello spettro dell'elio che per diversi anni aveva rappresentato uno dei problemi piú gravi della teoria dei quanti. Studiando le proprietà di simmetria della funzione d'onda nello spazio delle configurazioni, Dirac aveva proposto alcune idee che, successivamente sviluppate da Fermi e da Heisenberg, permisero di riconoscere che gli stati stazionari dell'atomo di elio si dividono in due classi, corrispondenti a due insiemi non combinantisi tra loro di termini spettrali e rappresentate dalle funzioni d'onda spaziali simmetriche e antisimmetriche rispettivamente, le prime associate all'orientazione antiparallela e le seconde all'orientazione parallela degli spin dei due elettroni.

Non occorre che io ricordi tutta la serie di successi cui questo risultato diede inizio e come di lí a un anno l'analoga trattazione fatta da Heitler e London della costituzione elettronica della molecola d'idrogeno permise per la prima volta di dare una spiegazione dei legami chimici omopolari. Inoltre considerazioni analoghe, applicate alla funzione d'onda del protone nella molecola rotante dell'idrogeno, portarono all'attribuzione di uno spin al protone e conseguentemente al chiarimento della separazione tra orto-stati e parastati e quindi, come fu mostrato da Dennison, delle anomalie molto misteriose del calore specifico dell'idrogeno alle basse temperature.

Quest'intero sviluppo culminò nel riconoscimento dell'esistenza di due famiglie di particelle ora denominate rispettivamente fermioni e bosoni. Lo stato di un sistema composto di particelle con spin semidispari, come elettroni e protoni, deve essere sempre rappresentato con una funzione d'onda antisimmetrica, cioè che cambia segno quando si scambiano tutte le coordinate di due particelle dello stesso tipo. Viceversa, solo funzioni simmetriche intervengono per i fotoni, ai quali secondo la teoria di Dirac della radiazione va attribuito uno spin uguale a 1, e per le particelle senza spin come le particelle alfa.

Ciò permise a Mott di dare un'elegante spiegazione delle pronunciate deviazioni dalla famosa formula di Rutherford della diffusione osservate nel caso dell'urto tra particelle identiche, come nuclei di elio e particelle alfa oppure protoni e nuclei d'idrogeno. Queste applicazioni del formalismo non solo mettono in particolare evidenza l'inadeguatezza dei modelli orbitali ormai abbandonati, ma illustrano un aspetto nuovo che consiste nella rinuncia a distinguere le particelle in giuoco. Infatti ogni volta che le varie particelle possono essere localizzate in regioni spaziali distinte, l'applicazione della statistica di Bose-Einstein e di Fermi-Dirac è irrilevante nel senso che entrambe portano alla stessa espressione per la densità di probabilità delle particelle.

Solo pochi mesi prima del congresso Heisenberg aveva dato un contributo importantissimo al chiarimento del contenuto fisico della meccanica quantistica mediante la formulazione del cosiddetto principio d'indeterminazione, che esprime i limiti reciproci entro cui possono venire fissate le variabili canonicamente coniugate. Questa limitazione appare non solo come un'immediata conseguenza delle relazioni di commutazione tra queste variabili, ma riflette anche direttamente l'interazione tra il sistema e gli strumenti di misura. Il pieno apprezzamento di quest'ultimo punto cruciale investe tuttavia la questione dei limiti dell'applicabilità univoca dei concetti della fisica classica nella descrizione dei fenomeni atomici.

Per introdurre la discussione su questi punti, fui invitato a tenere una relazione sui problemi epistemologici della fisica quantistica; colsi allora l'occasione per affrontare la questione di una terminologia appropriata e per sottolineare il punto di vista della complementarità. L'idea centrale era che la comunicazione univoca dei dati richiede che i dispositivi sperimentali e la registrazione delle osservazioni siano descrivibili mediante il linguaggio comune, opportunamente perfezionato col vocabolario della fisica classica. In ogni esperimento questo requisito è soddisfatto impiegando come strumenti di misura corpi cosí grandi e pesanti che, nonostante l'importanza essenziale del quanto d'azione per le loro stabilità e proprietà, tutti gli effetti quantici possano venire trascurati nella descrizione del loro moto e della loro posizione.

Mentre con la fisica classica si ha a che fare con un'idealizzazione secondo la quale tutti i fenomeni possono venire suddivisi arbitrariamente e l'interazione tra gli strumenti e gli oggetti in osservazione trascurata, o quanto meno valutata a parte, in fisica quantistica questa interazione è parte integrante del fenomeno e di essa non è possibile tenere conto, se si vuole che gli strumenti servano allo scopo di definire le condizioni in cui le osservazioni vengono fatte. A questo riguardo va anche tenuto presente che le registrazioni dipendono in ultima analisi dalla produzione di tracce permanenti negli strumenti di misura, come la macchia prodotta su una lastra fotografica dal passaggio di un fotone o di un elettrone. I processi fisici e chimici essenzialmente irreversibili connessi con la registrazione non introducono alcuna particolare complicazione, ma sottolineano piuttosto l'elemento di irreversibilità che è implicito nel concetto stesso di osservazione. L'aspetto nuovo caratteristico della fisica quantistica è la divisibilità limitata dei fenomeni, il che per una descrizione univoca comporta la specificazione di tutte le parti significative del dispositivo sperimentale.

Poiché con lo stesso dispositivo è possibile in generale osservare molti effetti individuali diversi, il ricorso alla statistica in fisica quantistica è inevitabile per ragioni di principio. Inoltre dati ottenuti in condizioni diverse e non unificabili in una singola descrizione devono, nonostante ogni apparente cotrasto, venire considerati complementari nel senso che insieme esauriscono ogni ben definita informazione possibile sull'oggetto atomico. Da questo punto di vista, scopo del formalismo quantistico diventa la deduzione di valori d'aspettazione per le osservazioni fatte in condizioni sperimentali date. A questo riguardo va sottolineato che l'assenza di contraddizioni è assicurata dalla coerenza matematica del formalismo e che la descrizione è esauriente, nell'ambito della sua validità, per la sua adattabilità a ogni immaginabile dispositivo sperimentale.

Nelle discussioni molto vivaci che vi furono su questi punti e che Lorentz con grande equilibrio diresse verso utili conclusioni molte ambiguità della terminologia ostacolarono l'intesa sui problemi epistemologici. Ehrenfest espresse argutamente la situazione scrivendo sulla lavagna la frase della Bibbia che descrive la confusione delle lingue intorno alla torre di Babele.

Lo scambio di punti di vista iniziato nelle sedute continuò appassionatamente entro piú piccoli gruppi durante le serate e l'occasione di lunghe conversazioni con Einstein ed Ehrenfest fu per me un'esperienza memorabile. Einstein era particolarmente riluttante a una rinuncia in linea di principio alla descrizione deterministica e avanzò argomenti che suggerivano la possibilità di tenere in conto piú esplicitamente l'interazione tra gli oggetti atomici e gli strumenti. Benché le nostre risposte non convincessero Einstein, che ritornò sul problema nella successiva conferenza, quelle discussioni furono ispiratrici per l'ulteriore indagine del problema dell'analisi e della sintesi in fisica quantistica e delle sue analogie in altri campi della conoscenza, ove la terminologia ordinaria rende necessaria un'attenzione particolare per le condizioni in cui l'esperienza è ottenuta.

6. Nel congresso del 1930 Langevin, assumendo per la prima

volta la presidenza dopo la scomparsa di Lorentz, espresse il cordoglio dei membri dell'Istituto Solvay e di tutti i fisici per la morte di Ernest Solvay, dalla cui iniziativa e generosità l'Istituto era stato creato. Il presidente illustrò anche il modo incomparabile con cui Lorentz aveva diretto tutti i precedenti congressi e il vigore con cui aveva continuato le sue brillanti ricerche fino agli ultimi giorni. Tema del convegno erano le *Proprietà magnetiche della materia*, alla cui comprensione lo stesso Langevin aveva dato importantissimi contributi e la cui conoscenza sperimentale aveva molto progredito in quegli anni grazie soprattutto agli studi di Weiss e della sua scuola.

La conferenza fu aperta da Sommerfeld con una relazione sul magnetismo e la spettroscopia, in cui veniva discussa in particolare la conoscenza dei momenti angolari e magnetici ricavabile dallo studio della costituzione elettronica degli atomi, che aveva permesso di interpretare la tavola periodica degli elementi. Sulla caratteristica variazione dei momenti magnetici nell'ambito delle terre rare van Vleck riferí circa gli ultimi risultati e la loro interpretazione teorica. Fermi presentò una comunicazione sui momenti magnetici dei nuclei ai quali, come Pauli aveva osservato per primo, doveva ricondursi la cosiddetta struttura iperfine delle righe spettrali.

Una rassegna dei molti dati accumulati sulle proprietà magnetiche della materia fu fatta da Cabrera e Weiss, che nelle loro relazioni discussero l'equazione di stato dei materiali ferromagnetici e le brusche variazioni nelle proprietà di questi a certe temperature come il punto di Curie. Dopo vari tentativi, in particolare a opera di Weiss che aveva proposto di ricondurre lo stato ferromagnetico a un campo magnetico interno, una chiave per la comprensione del fenomeno era stata di recente trovata da Heisenberg ricollegando l'allineamento degli spin elettronici nelle sostanze ferromagnetiche con le statistiche quantiche governanti le proprietà di simmetria delle funzioni d'onda responsabili del legame chimico nella teoria della molecola di Heitler e London.

Un'esposizione generale della trattazione teorica dei fenomeni magnetici fu presentata da Pauli nella sua relazione. Con la sua tipica chiarezza e ponendo l'accento sui punti essenziali, Pauli discusse anche i problemi sollevati da Dirac con la sua geniale teoria dell'elettrone, in cui l'equazione d'onda relativistica proposta da Klein e Gordon viene sostituita con un sistema di equazioni del primo ordine, che consentono d'introdurre in modo naturale lo spin e il momento magnetico intrinseci dell'elettrone. Di queste grandezze ci si chiese se potessero venire considerate misurabili nello stesso senso in cui lo sono la carica e la massa dell'elettrone, le cui definizioni riposano sull'analisi di fenomeni che possono venire interpretati in termini puramente classici. Ogni applicazione coerente del concetto di spin, come dello stesso quanto d'azione, riguarda invece fenomeni che sfuggono a una simile analisi e inoltre va tenuto presente che il concetto di spin è un'astrazione necessaria per generalizzare la legge di conservazione del momento angolare. Questa situazione riceve conferma dall'impossibilità, discussa da Pauli nella sua relazione, di misurare il momento magnetico di un elettrone libero.

Cotton e Kapica riferirono sulle prospettive che i recenti sviluppi delle tecniche sperimentali aprivano per lo studio dei fenomeni magnetici. Mentre grazie alle audaci costruzioni di Kapica era diventato possibile produrre campi magnetici d'intensità mai raggiunta, sia pure entro regioni limitate e per brevi intervalli di tempo, l'ingegnosa progettazione di Cotton di magneti permanenti colossali permetteva di ottenere campi di estensione e durata molto maggiori che per l'addietro. A complemento della relazione di Cotton, Madame Curie richiamò l'attenzione sulle possibilità d'impiego di questi magneti nello studio dei processi radioattivi. In seguito si ottennero infatti, specialmente attraverso il lavoro di Rosenblum, importanti risultati sulla struttura fine degli spettri alfa.

È tuttavia interessante ricordare anche i notevoli progressi che a quel tempo erano stati fatti in campi diversi dalle proprietà magnetiche della materia. Per esempio, molte delle difficoltà che si opponevano alla comprensione della conducibilità elettrica nei metalli, cosí acutamente sentite nelle discussioni della conferenza del 1924, erano state nel frattempo superate. Già nel 1928 Sommerfeld, sostituendo la distribuzione maxwelliana delle velocità degli elettroni con una distribuzione di Fermi, aveva ottenuto risultati molto promettenti. Com'è ben noto, Bloch riuscí a sviluppare su queste basi una teoria ondulatoria della conduzione metallica che spiegava molti aspetti del fenomeno, in particolare quelli riguardanti la dipendenza dalla temperatura. La teoria non spiegava però la superconduttività alla cui comprensione, almeno nelle linee generali, si è giunti solo in questi ultimi anni grazie allo sviluppo di metodi elaborati, adatti per la trattazione delle interazioni nei sistemi a piú corpi. Questi metodi sembrano infatti applicabili anche ai problemi connessi con le recenti osservazioni che hanno messo in evidenza il carattere quantizzato delle supercorrenti.

Il congresso del 1930 offrí inoltre l'occasione per riprendere i problemi epistemologici dibattuti in quello precedente. Einstein presentò nuovi argomenti mediante i quali cercava di aggirare il principio d'indeterminazione utilizzando l'equivalenza tra massa ed energia dedotta dalla teoria della relatività. Egli riteneva che dovesse essere possibile determinare con precisione assoluta l'energia d'impulsi di radiazione di durata nota mediante un apparato con un orologio collegato all'otturatore che libera gli impulsi. Tuttavia, a un attento esame, l'apparente paradosso trovò la sua soluzione nell'influenza del campo gravitazionale sulla cadenza dell'orologio, influenza che aveva già permesso allo stesso Einstein di prevedere lo spostamento verso il rosso nella distribuzione spettrale della luce emessa dai corpi celesti molto pesanti. Ciononostante il problema, che ancora una volta sottolineava la necessità di una netta distinzione tra oggetto e strumento di misura in fisica quantistica, costituí per molti anni ancora l'argomento di vivaci discussioni, particolarmente nei circoli filosofici.

Fu l'ultima conferenza cui Einstein prese parte, prima che gli eventi politici della Germania lo costringessero a emigrare negli Stati Uniti. Poco prima della successiva conferenza del 1933 fummo tutti colpiti dalla notizia della morte prematura di Ehrenfest, la cui personalità ispiratrice Langevin ricordò con parole commosse quando ci trovammo riuniti.

7. Il congresso del 1933, dedicato alla *Struttura e proprietà dei nuclei atomici*, ebbe luogo in un momento in cui questo campo stava subendo le piú rapide trasformazioni. Il convegno fu aperto da Cockcroft con una relazione in cui, dopo un breve cenno ai molti dati raccolti sulle disintegrazioni prodotte negli anni precedenti da Rutherford e dai suoi collaboratori mediante le particelle alfa, egli descrisse con ricchezza di particolari i nuovi importanti risultati ottenuti bombardando i nuclei con protoni accelerati mediante le macchine ad alta tensione.

Com'è ben noto, i primi esperimenti di Cockcroft e Walton sulla produzione di particelle alfa veloci mediante l'urto di protoni con nuclei di litio diedero la prima verifica diretta della relazione di Einstein tra massa ed energia che per gli anni seguenti doveva essere di guida costante nelle ricerche nucleari. Inoltre Cockcroft mostrò come le misure delle variazioni della sezione d'urto con la velocità dei protoni confermassero le previsioni della meccanica ondulatoria, alle quali Gamov era giunto con la sua teoria del decadimento alfa spontaneo. Nella relazione, che comprendeva tutti i dati esistenti sulle cosiddette disintegrazioni artificiali, Cockcroft confrontava anche i risultati ottenuti a Cambridge con protoni con quelli recentissimi ottenuti a Berkeley con deutoni accelerati mediante il ciclotrone costruito da Lawrence.

La discussione fu aperta da Rutherford che, dopo aver espresso il piacere che a lui personalmente veniva dai recenti sviluppi di quella che usava chiamare la moderna alchimia, riferí su alcuni risultati molto interessanti, che egli e Oliphant avevano ottenuto da poco bombardando il litio con protoni e deutoni. Questi esperimenti rivelarono l'esistenza di isotopi ancora sconosciuti dell'idrogeno e dell'elio con massa atomica uguale a 3, le cui proprietà hanno in anni piú recenti richiamato l'attenzione di molti fisici. Anche Lawrence, dopo aver illustrato il funzionamento del suo ciclotrone, fece un resoconto delle ultime ricerche del gruppo di Berkeley.

Un altro evento che doveva avere le piú profonde conseguenze fu la scoperta di Chadwick del neutrone, che confermava l'anticipazione fatta da Rutherford dell'esistenza di un componente pesante neutro nei nuclei atomici. La relazione di Chadwick cominciava con la descrizione della ricerca sulle anomalie della diffusione dei raggi alfa fatta a Cambridge, per terminare con alcune acute considerazioni sulla parte che il neutrone poteva avere nella struttura nucleare e nella produzione di trasmutazioni nucleari. Prima che gli aspetti teorici di quest'argomento venissero discussi alla conferenza, i partecipanti appresero di un altro decisivo progresso, cioè della scoperta della cosiddetta radioattività artificiale, prodotta mediante disintegrazioni nucleari controllate.

Un resoconto su questa scoperta, fatta solo pochi mesi prima della conferenza, fu incluso da Frédéric Joliot e Irène Curie nella rassegna delle fruttuose ricerche, che li avevano condotti a osservare sia elettroni positivi che negativi nei processi di decadimento beta. Nella discussione che seguí, Blackett descrisse la scoperta del positrone fatta da Anderson e da lui nei raggi cosmici e parlò della possibile interpretazione di questa particella in termini della teoria relativistica di Dirac dell'elettrone. Si entrava cosí in un nuovo stadio della fisica quantistica, dove la creazione e l'annichilazione delle particelle materiali appaiono come l'analogo dei processi di emissione e di assorbimento della radiazione in cui si vedono i fotoni apparire e scomparire.

Com'è ben noto, il punto di partenza di Dirac fu l'osservazione che la sua formulazione relativisticamente invariante della meccanica quantistica dell'elettrone prevedeva, oltre alle probabilità relative ai processi di transizione tra gli stati fisici, probabilità non nulle di transizione tra questi stati e stati di energia negativa. Per eliminare queste assurde conseguenze, egli postulò l'esistenza del cosiddetto mare di Dirac degli elettroni, costituito da un'infinità di elettroni occupanti tutti gli stati di energia negativa compatibilmente con il principio di esclusione. In questo quadro la creazione degli elettroni deve avvenire a coppie, quello con la carica usuale è semplicemente tratto fuori dal mare mentre l'altro, con carica opposta, è la manifestazione del vuoto che si crea nel mare. Com'è noto, questa concezione ha preparato la via alla nozione di antiparticella, che è una particella dotata di carica opposta e di momento magnetico rovesciato rispetto allo spin, nozione che doveva rivelarsi fondamentale.

Nel congresso furono discussi molti aspetti dei processi radioattivi e una relazione molto istruttiva fu presentata da Gamow sull'interpretazione degli spettri gamma, basata sulla sua teoria dell'emissione spontanea e indotta dei protoni e delle particelle alfa e sulla relazione di quegli spettri con la struttura fine dei raggi alfa. Un punto particolarmente discusso fu il problema degli spettri beta continui. I risultati di Ellis sugli effetti termici prodotti dall'assorbimento degli elettroni emessi sembravano inconciliabili con il bilancio dell'energia e della quantità di moto nel processo di decadimento beta. Inoltre i dati sugli spin dei nuclei in questione sembravano in contrasto con la conservazione del momento angolare. Fu per superare queste difficoltà che Pauli avanzò l'audace idea, che doveva rivelarsi fecondissima per i successivi sviluppi, che una radiazione molto penetrante, consistente di particelle con massa nulla e spin uguale a un mezzo, i cosiddetti neutrini, fosse emessa nel decadimento beta insieme agli elettroni.

La questione della struttura e della stabilità dei nuclei fu discussa in una ponderosissima relazione da Heisenberg. Egli aveva acutamente sentito le difficoltà che venivano dal principio d'indeterminazione all'ipotesi della presenza di particelle leggere come gli elettroni entro le piccole dimensioni dei nuclei; trasse perciò partito dalla scoperta del neutrone per prospettare la possibilità che solo neutroni e protoni fossero gli effettivi costituenti del nucleo e per spiegare su questa base molte delle sue proprietà. In particolare la concezione di Heisenberg implicava che il decadimento beta venisse descritto come creazione di neutrini e di elettroni positivi o negativi in concomitanza con la trasformazione di protoni in neutroni o viceversa. Infatti subito dopo la conferenza Fermi sviluppò su questa base una teoria coerente del decadimento beta che doveva rivelarsi molto utile per i successivi sviluppi.

Rutherford, che prese parte con il suo caratteristico vigore a molte delle discussioni, fu una delle figure centrali del congresso del 1933, l'ultimo cui doveva partecipare prima di chiudere un'esistenza di lavoro forse senza uguali nella storia della fisica.

8. Gli eventi che portarono alla seconda guerra mondiale interruppero per qualche tempo il regolare succedersi dei convegni, che furono ripresi solo nel 1948. In quegli anni drammatici il progresso della fisica nucleare non si era tuttavia arrestato, anzi risale proprio ad allora la liberazione dell'immensa energia contenuta nei nuclei atomici. Benché le possibili conseguenze di questo sviluppo fossero nella mente di ciascuno, esse non vennero discusse alla conferenza che era intitolata al problema delle *Particelle elementari*, dominio in cui nuove prospettive erano state aperte dalla scoperta di particelle con massa intermedia tra quella dell'elettrone e quella dei nucleoni. Com'è ben noto, prima della loro detezione nei raggi cosmici fatta da Anderson nel 1937 questi mesoni erano stati previsti teoricamente da Yukawa come quanti del campo delle forze nucleari, campo che differisce in modo essenziale, tra l'altro per l'assai piú corto raggio d'azione, dal campo elettromagnetico.

La ricchezza di nuovi aspetti del problema delle particelle era stata rivelata poco prima della conferenza sia dall'indagine sistematica fatta a Bristol da Powell e dai suoi collaboratori sulle tracce prodotte in lastre fotografiche dalla radiazione cosmica, sia dalle prime ricerche sugli urti dei nucleoni di alta energia prodotti dal grande ciclotrone di Berkeley. Si era già capito che questi urti conducono direttamente alla creazione dei cosiddetti mesoni π, che poi decadono in mesoni μ emettendo un neutrino. A differenza dei primi, i mesoni μ non interagiscono fortemente con i nucleoni e decadono in elettroni emettendo due neutrini. Le relazioni sui nuovi dati furono seguite da commenti estremamente interessanti sui vari aspetti della loro interpretazione teorica. Nonostante queste prospettive di progresso in diverse direzioni, si aveva tuttavia la sensazione che gli ulteriori sviluppi avrebbero richiesto nuovi punti di vista teorici.

Un punto particolarmente discusso fu il problema delle divergenze in elettrodinamica quantistica, che si presentano in modo tipico nel calcolo dell'energia propria delle particelle cariche. I tentativi di risolvere il problema mediante una riformulazione della teoria classica dell'elettrone, sempre necessaria dal punto di vista corrispondenziale, erano chiaramente condannati al fallimento dalla dipendenza del grado delle singolarità dal tipo di statistica quantica. Infatti, come Weisskopf fece notare per primo, questo grado si riduce notevolmente nel caso dei fermioni, mentre per i bosoni l'energia propria diverge piú fortemente che non nell'elettrodinamica classica, nel cui ambito, come era già stato sottolineato nella conferenza del 1927, non sussiste alcuna possibilità di distinzione tra le diverse statistiche quantiche.

Nonostante il radicale allontanamento dalla descrizione deterministica, alcuni aspetti fondamentali della causalità sono conservati nell'impostazione corrispondenziale dall'associazione dei processi individuali in competizione a una semplice sovrapposizione di funzioni d'onda definite nella stessa regione spazio-temporale. Questa possibilità, come fu sottolineato nelle discussioni, riposa tuttavia sulla debolezza dell'accoppiamento tra le particelle e il campo elettromagnetico dovuta al piccolo valore della costante adimensionale $\alpha = e^2/\hbar c$, che consente di svincolare lo stato di un sistema di elettroni dalla sua reazione al campo. Per quanto riguarda l'elettrodinamica, aveva inizio proprio a quel tempo un notevole progresso grazie ai lavori di Schwinger e Tomonaga, che con i cosiddetti procedimenti di rinormalizzazione permisero il calcolo perturbativo di correzioni dell'ordine di α, particolarmente importanti in connessione con la scoperta dell'effetto Lamb.

Il forte accoppiamento tra i nucleoni e i campi pionici impediva invece di applicare semplici argomenti corrispondenziali al problema delle forze nucleari, e lo studio dei processi d'urto, in particolare quelli in cui viene creato un gran numero di pioni, sembrava indicare la necessità di abbandonare la linearità delle equazioni fondamentali e di introdurre, come Heisenberg suggeriva, una lunghezza elementare, limite inferiore per la coordinazione spazio-temporale. Dal punto di vista dell'osservazione questa limitazione potrebbe essere strettamente connessa con le restrizioni imposte alle misure spazio-temporali dalla costituzione atomica di ogni strumento. Se cosí fosse, lungi dal contraddire l'argomento dell'impossibilità di tenere conto dell'interazione tra i sistemi atomici e gli strumenti di misura in ogni descrizione univoca dell'esperienza, ciò dovrebbe consentire di estendere la comprensione logica della realtà fisica.

Il programma di determinare la costante α per accertare la coerenza dell'intera teoria e di dedurre relazioni adimensionali tra le masse delle particelle elementari e le costanti di accoppiamento era stato al tempo della conferenza appena abbozzato. Si cercò anche di avviare lo studio di quelle simmetrie, che sono state sospinte sempre piú in primo piano dalla scoperta in rapida successione delle nuove particelle dal comportamento spesso cosí inatteso da venire talora caratterizzato mediante diversi gradi di "stranezza". Per citare solo uno degli ultimi sviluppi, un notevole progresso ha avuto inizio, com'è ben noto, nel 1957 con il suggerimento fatto da Lee e Yang e confermato dai bellissimi esperimenti della signora Wu e dei suoi collaboratori che la conservazione della parità abbia soltanto una validità limitata. Infatti la comparsa della elicità del neutrino doveva risollevare l'antica questione della distinzione tra destra e sinistra nella descrizione dei fenomeni naturali. Il paradosso epistemologico a questo riguardo è stato però superato attraverso il riconoscimento della relazione esistente tra la simmetria rispetto alla riflessione spazio-temporale e la simmetria rispetto allo scambio particella-antiparticella.

I Grandi Pensatori

Abraham Pais

Einstein

«Sottile è il Signore, ma non malevolo». Con questa frase, Einstein commentava nel 1921 alcuni dati (poi rivelatisi errati) che avrebbero potuto mettere in crisi la sua teoria della relatività. Guidato da un marcato senso estetico, oltre che da una logica stringente, il pensiero einsteiniano si opponeva naturalmente a ogni complicazione non necessaria, sempre teso a ricercare la più semplice ed elegante delle spiegazioni al più complesso dei problemi. Dotato di una tenacia fuori dal comune, Einstein visse da solitario nella vita come nella scienza, spesso contro corrente, giungendo così ad alcune delle più eclatanti scoperte del XX secolo. Questa biografia, scritta da un suo allievo e amico, resta a tutt'oggi insostituibile e insuperata per chi voglia ripercorrere il cammino scientifico e umano del grande fisico.

Bollati Boringhieri

I Grandi Pensatori

Albert Einstein

Relatività. Esposizione divulgativa

Nello stato magmatico della fisica novecentesca Albert Einstein è il nucleo solido, la roccia stabilmente configurata che sta al centro. Di qui la sua posizione di «classico», come testimonia al più alto livello questa esposizione della teoria della relatività. Una teoria che ha segnato un vero mutamento di paradigma, non solo in campo scientifico: la potenza teorica dell'equivalenza relativistica massa-energia ha trovato, come sappiamo, la sua tragica verifica a Hiroshima, nel terrificante potenziale distruttivo della bomba atomica.

Bollati Boringhieri

I Grandi Pensatori

Albert Einstein e Leopold Infeld

L'evoluzione della fisica

Pubblicato in inglese alla vigilia della Seconda guerra mondiale e subito proposto in traduzione, *L'evoluzione della fisica* dovette aspettare la fine del conflitto per vedere la sua pubblicazione in Italia. Da allora (1948) questo testo non ha più smesso di rappresentare un punto di riferimento obbligato per il concetto stesso di divulgazione scientifica e per la fisica in particolare. Scritto dai protagonisti assoluti della rivoluzione della fisica relativistica e quantistica, ma destinato a un pubblico di non specialisti, il libro che avete tra le mani è il testo fondativo della moderna divulgazione delle idee, la pietra di paragone di ogni altro libro di fisica, che permette di intuire la straordinaria importanza e il valore rivoluzionario della svolta della fisica del Novecento.

Bollati Boringhieri